MALADIE DE LA

EN BASSE-NORMANDIE

LEÇONS FAITES À

PAR LE Dr DEN

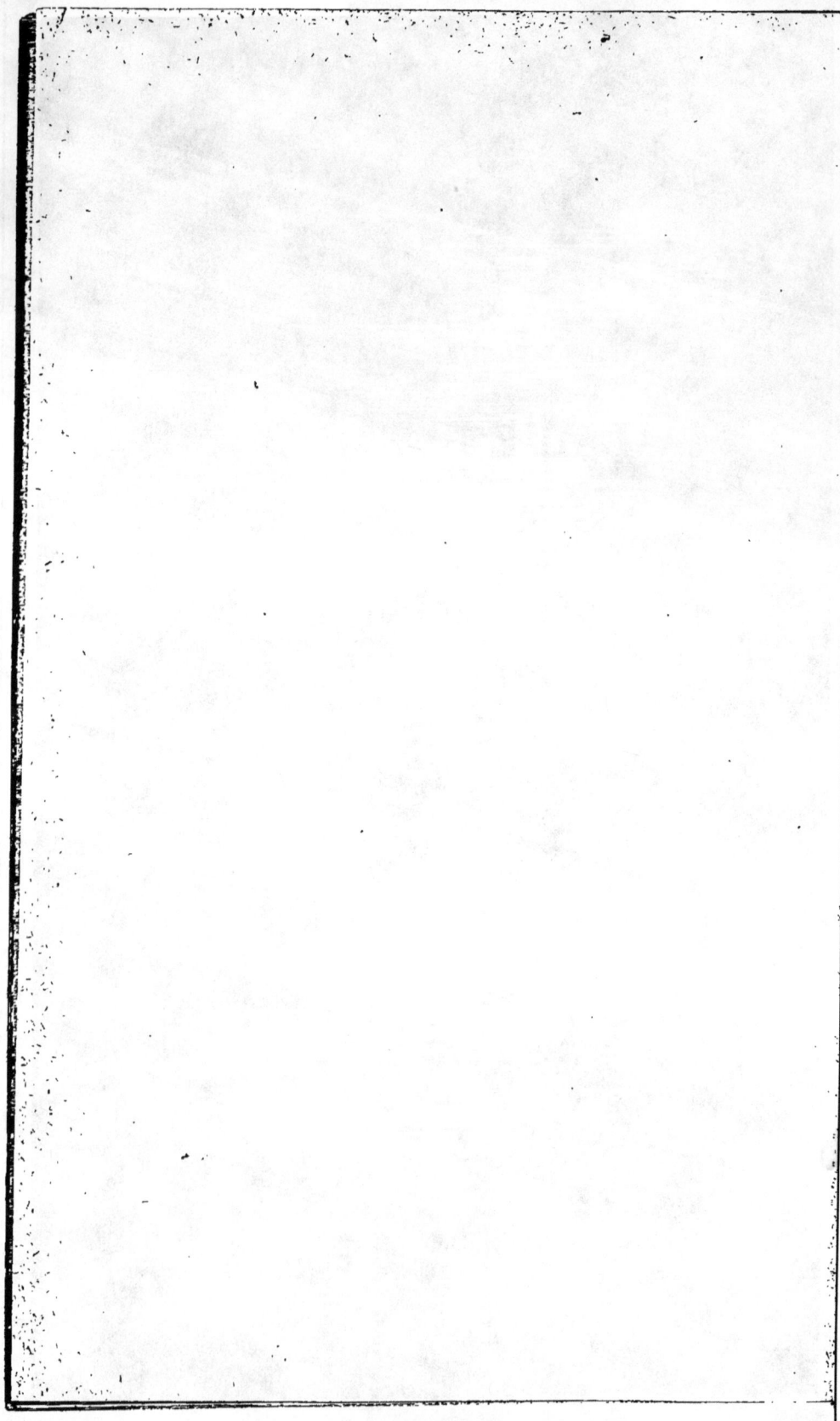

PROPRIÉTÉS MÉDICALES & HYGIÉNIQUES

DU CIDRE

LA MALADIE DE LA PIERRE

EN BASSE-NORMANDIE

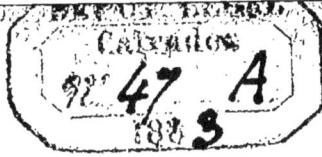

PROPRIÉTÉS MÉDICALES ET HYGIÉNIQUES

DU CIDRE

LA MALADIE DE LA PIERRE

EN BASSE-NORMANDIE

LEÇONS FAITES A L'HOTEL-DIEU DE CAEN

PAR LE Dr DENIS - DUMONT

CHIRURGIEN EN CHEF DES HÔPITAUX
PROF¹ A L'ÉCOLE DE MÉDECINE
V.-PRÉSIDENT DU CONSEIL DÉPARTEMENTAL D'HYGIÈNE ET DE SALUBRITÉ
CHEVALIER DE LA LÉGION D'HONNEUR
OFFICIER DE L'INSTRUCTION PUBLIQUE, ETC.

Recueillies par M. Charles MOY

Interne à l'Hôtel-Dieu

CAEN

TYPOGRAPHIE DE F. LE BLANC - HARDEL

Rue Froide, 2 & 4

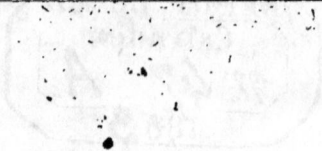

A la mémoire de ma Mère

R.-V. HAINEVILLE DES QUIESZES

Morte le 13 septembre 1875

A la mémoire de mon Père

N.-E. DENIS-DUMONT

Mort le 5 novembre 1881

Sa grande expérience, acquise par une vie
longue et laborieuse ,
m'a soutenu et guidé dans ce modeste travail :
La meilleure part lui revient.

Puisse cette étude n'être pas indigne des deux noms
humbles et vénérés
que j'ai voulu pieusement inscrire
sur la première page.

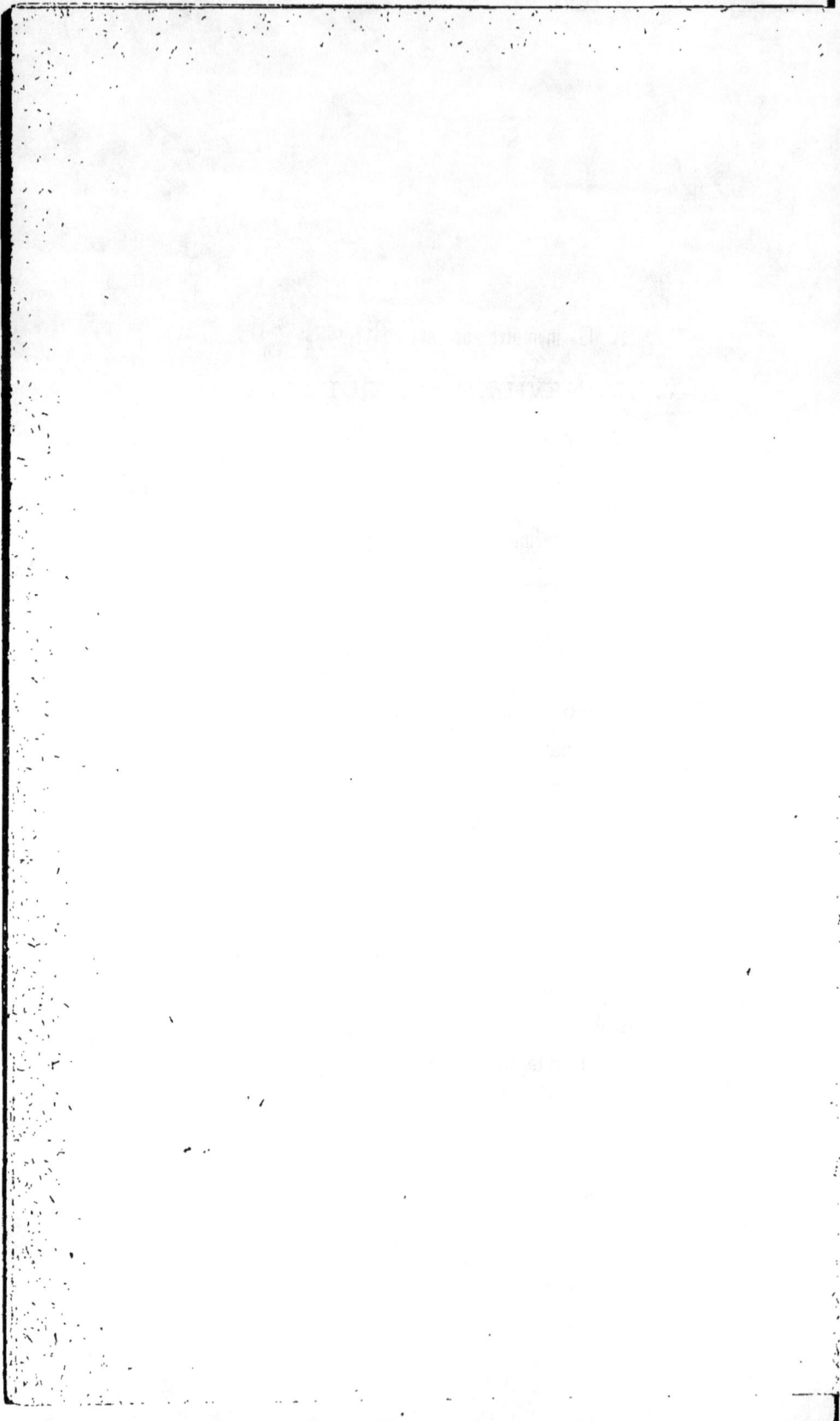

AVANT-PROPOS.

———

L'idée de cette publication ne date point d'aujourd'hui.

J'avais remarqué, dès mes premiers pas dans la carrière professionnelle, l'étonnante unanimité avec laquelle , en pleine Basse-Normandie, mes confrères , jeunes ou vieux , jugeaient défavorablement le cidre ; — quelques-uns allaient même jusqu'à proscrire cette boisson d'une manière absolue comme étant réellement nuisible.

Or, j'appartenais à un coin de cette Normandie (La Hague) (1), où l'usage du vin était à peu

(1) Extrémité nord-ouest du département de la Manche.

près inconnu, où le cidre était, comme il l'est presque encore exclusivement aujourd'hui, la boisson usuelle; — et, cependant, les habitants étaient grands, sains, robustes et rappelaient par leur énergie et leur solide constitution ces races Danoises et Norwégiennes dont un grand nombre de familles portent encore de nos jours le type parfaitement reconnaissable.

Il y avait là une espèce de contradiction qui frappa vivement mon attention. Devant ces vigoureux buveurs de cidre de La Hague, étais-je en présence d'un fait isolé, restreint, constituant une exception? — ou bien, ce que j'entendais professer autour de moi n'était-il pas plutôt l'écho d'une de ces traditions banales, n'ayant d'autre base qu'une routine séculaire, en dehors de toute expérience sérieuse?... Il me parut intéressant de le rechercher.

Un autre fait d'observation vint bientôt redoubler l'attrait que m'inspirait cette étude.

Attaché au service de l'Hôtel-Dieu, où sont dirigés en assez forte proportion les malades de la contrée atteints d'affections chirurgicales graves, je ne tardai pas à constater qu'une maladie fort commune dans les pays du vin, la *pierre*, était extrêmement rare à l'hôpital de Caen. — Ce peu de fréquence de la *maladie de la pierre* en Basse-Normandie avait bien été reconnu par quelques praticiens, et l'opinion que l'usage du cidre jouait probablement un certain rôle avait bien quelques partisans; — mais jusqu'à quel point fallait-il admettre cette immunité pour notre pays? — Quel était le rôle exact du cidre? — Quel était son mode d'action? — Jusqu'où s'étendait sa vertu prophylactique? — Avait-il une valeur thérapeutique quelconque?... Autant de questions sur lesquelles personne ne se prononçait, et pour cause, et dont on chercherait en vain, même aujourd'hui, la solution dans nos ouvrages classiques.

Je fus donc en quelque sorte naturellement

conduit à envisager le cidre sous deux aspects différents; — comme *agent prophylactique* ou *thérapeutique,* au point de vue médico-chirurgical; — comme *boisson alimentaire* au point de vue de l'hygiène.

Le concours d'un grand nombre d'observateurs, pour la réunion des éléments statistiques, était indispensable. Il ne m'a point fait défaut; et de tous les points de la Basse-Normandie m'ont été adressés des renseignements et des faits cliniques avec un empressement pour lequel je prie mes confrères de recevoir ici l'expression de toute ma gratitude. — Quelques-uns même, ainsi qu'on le verra plus loin, ont bien voulu me communiquer le résultat de leurs investigations dans les archives des hôpitaux à la tête desquels ils se trouvent placés.

J'ai puisé des observations intéressantes dans certaines publications modernes, parmi lesquelles je dois mettre au premier rang les importants travaux de notre savant doyen de la Faculté des Sciences, M. Morière, et de M. Girardin, de Rouen. — J'ai consulté avec fruit les thèses remarquables de M. Féron, pharmacien à Caen, de M. Truelle, pharmacien à Trouville, et le *Traité du cidre* de MM. de Boutteville, docteur en médecine à Rouen, et Hauchecorne, pharmacien à Yvetot.

Un habile chimiste, ancien préparateur de l'École supérieure de pharmacie, aujourd'hui retiré à Balleroy, M. Larocque, m'a fourni pour les expériences faites à l'Hôtel-Dieu certains produits extraits du cidre, dont j'ai pu ainsi déterminer avec quelque précision le rôle dans l'action physiologique exercée par ce liquide.

Je ne saurais passer sous silence le zèle intelligent et l'activité avec lesquels j'ai été secondé par mon neveu, Charles Moy, alors interne dans le service où les expériences ont eu lieu.

Enfin, je dois à l'obligeance de M. Julien

Travers communication d'un livre fort curieux
et devenu fort rare ; le *Traité du sidre*, par
Julien de Paulmier, *docteur en la Faculté de
Médecine de Paris.* — Cet ouvrage, écrit il y a
plus de trois cents ans, est plein de vues ingé-
nieuses, d'appréciations justes, de préceptes
excelléns et qui frappent d'une pénible surprise
quand on songe aux préjugés de tout genre et
aux détestables pratiques que nous conservons
encore, malgré ces trois siècles écoulés.

Le vieux livre n'a qu'un défaut : celui de faire du
cidre une boisson incomparable, une espèce de
panacée, douée de toutes les vertus ; — exagération excusable, en somme, de la part d'un
homme qui, pour combattre une foule de préventions ridicules, avait à lutter contre la Faculté
tout entière.

Je me suis efforcé d'éviter cet écueil. — Parlant
devant des jeunes gens qui doivent croire en la
parole du maître, et passer bientôt de la théorie

à la pratique, une grande réserve m'était imposée. Si je prétends que le *bon* cidre est une boisson excellente, je n'en tiens pas moins le *bon* vin en estime singulière. Non pas que j'espère échapper ainsi au reproche de prévention et de parti pris; on évite rarement ce genre de critiques plus ou moins sincères quand on s'intéresse avec quelque persévérance au triomphe d'une vérité quelconque, si modeste que soit, d'ailleurs, la part qu'on y prenne. — Et sans aller bien loin, ni même sortir de notre domaine professionnel pour trouver un exemple, que n'a-t-on pas dit des médecins qui ont été les premiers à reconnaître et à proclamer l'utilité du *sulfate de quinine* dans la plupart des affections aiguës ou chroniques de notre contrée paludéenne? — Aujourd'hui, ces promoteurs d'une médication dont l'expérience n'a que trop justifié l'opportunité, se trouvent vengés en quelque sorte par l'abus qu'en font désormais ceux-là mêmes qui en étaient alors les pires détracteurs.

Pareil succès n'est point à envier pour le cidre ; il serait trop complet. — Je voudrais simplement essayer de rendre plus évidentes les remarquables propriétés qu'on lui avait jusqu'ici vaguement attribuées dans les *concrétions uri-naires*, et en rechercher l'explication dans sa composition chimique et ses propriétés physio-logiques ; — je voudrais en même temps le faire estimer à sa juste valeur comme *boisson alimen-taire*, et faire comprendre à mes compatriotes qu'ils sont en grande partie responsables des préventions par lesquelles se trouve singulière-ment déprécié un produit qui, traité avec moins de négligence et d'une façon un peu plus sensée, est appelé à devenir, dans un jour prochain peut-être, l'une des sources les plus fécondes de la richesse et de la prospérité du pays.

Ces conférences n'ont pas d'autre but : — l'atteindre serait toute mon ambition.

PREMIÈRE LEÇON.

STATISTIQUE DE LA PIERRE VÉSICALE EN BASSE-NORMANDIE.

SOMMAIRE. — Pourquoi les renseignements touchant cette affection offrent une garantie spéciale. — La pierre à l'Hôtel-Dieu de Caen ; — en ville ;— dans l'arrondissement de Caen ; — dans l'arrondissement de Bayeux ; — dans l'arrondissement de Falaise ; — dans l'arrondissement de Lisieux ; — dans l'arrondissement de Pont-l'Évêque ; — dans l'arrondissement de Vire. — Département de la Manche. — Département de l'Orne. — Résumé.

MESSIEURS ,

Une jeune femme atteinte de la maladie de la pierre est entrée dans le service chirurgical il y a quelques jours. Je vous ai déjà entretenus des symptômes que présente la malade et qui m'ont permis de porter un diagnostic précis ; prochainement, je vous ferai connaître les diverses manœuvres que j'emploierai pour broyer cette pierre dans la vessie, manœuvres dont l'ensemble constitue l'opération appelée *lithotritie*, l'une des belles conquêtes de la chirurgie française.

Mais aujourd'hui je veux envisager cette affection à un autre point de vue. La pierre ne se rencontre pas souvent dans notre hôpital, et il n'en est pas un seul parmi vous qui l'y ait encore observée. Je voudrais profiter de ce cas exceptionnel pour étudier avec vous l'histoire de cette maladie dans notre pays même, pour établir quel est son degré de fréquence dans notre Basse-Normandie et quelles sont les conditions hygiéniques dont sa genèse paraît y subir l'influence immédiate ; quelle peut être notamment l'influence du cidre. — Aucune étude de ce genre n'a été faite, que je sache, jusqu'à ce jour ; et, bien qu'elles ne se rattachent que d'une manière incomplète à nos leçons cliniques, j'espère pourtant que ces recherches fixeront votre attention, en raison de leur nouveauté même et de l'intérêt direct et en quelque sorte personnel qu'elles me semblent devoir offrir à des médecins Bas-Normands.

La maladie de la pierre est, dit-on, rare en Basse-Normandie. C'est là une opinion vulgaire dont il faut certainement tenir quelque compte. Mais en médecine surtout, nous savons ce que valent la plupart de ces traditions populaires. Pour donner quelque créance à cette immunité relative dont jouiraient les trois départements du Calvados, de la Manche et de l'Orne, il faut autre chose qu'une assertion vague et sans preuves. Des renseignements positifs, puisés à des sources autorisées sont indispensables pour contrôler l'exactitude d'une opinion qui trouve d'autant plus de facilité à se faire accepter et à se répandre qu'elle flatte en secret nos instincts et contribue à notre sécurité.

Du reste, les moyens d'investigation sont plus faciles et présentent plus de garanties dans la question qui nous occupe que dans beaucoup d'autres. La pierre, en effet, est une maladie terrible qui provoque, vous le savez, des douleurs cruelles, qui nécessite une opération dangereuse, effrayante, et que le praticien n'a guère plus de chances d'oublier que le patient lui-même. Les souvenirs des médecins doivent donc ici inspirer une grande confiance ; — et la statistique des hôpitaux, surtout quand, ainsi que nous le verrons tout à l'heure, ils ont peu de cas à enregistrer, jouit d'une autorité incontestable.

Voyons d'abord ce que nous fournit notre Hôtel-Dieu. — J'ai chargé un de nos internes (1) de rechercher dans les statistiques qui chaque année sont dressées pour l'administration hospitalière, tous les cas de pierres inscrits sur les

(1) M. Chapelle.

registres de l'Hôpital depuis son installation dans ce bel établissement qu'on appelait autrefois l'Abbaye-aux-Dames, c'est-à-dire depuis 1823. — Or, dans cette longue période de 59 ans, combien de pierres constatées ? Trois seulement ! Celle-ci, que vous observez avec moi, est la quatrième.

Ce chiffre est d'autant plus surprenant, que l'hôpital où il est relevé peut être considéré comme un centre, vers lequel on dirige volontiers, non-seulement de la ville, mais des divers points du département et quelquefois même des départements voisins, les affections graves, exigeant des opérations laborieuses, compliquées, peu familières aux médecins qui n'ont pas l'occasion de se livrer fréquemment à la pratique de la chirurgie.

En vain objecterait-on, en présence de cette proportion si minime, qu'un certain nombre de cas ont dû passer inaperçus, et que des maladies de vessie, qui n'étaient que la conséquence de la présence d'une pierre, ont pu être considérées comme de simples inflammations chroniques. Cette objection aurait, sans doute, quelque valeur pour les malades de la ville, où l'un des meilleurs moyens d'investigation, le cathétérisme, ne peut pas toujours être mis en usage, en raison de la frayeur qu'inspire à trop de sujets l'introduction d'une sonde dans le réservoir urinaire. Là, le diagnostic peut rester douteux. Mais à l'hôpital, ces répugnances sont moins fréquentes et sont d'ailleurs aisément vaincues. Grâce au cathétérisme, l'examen complet de l'organe peut être fait dans toutes les lésions suspectes. Si donc la pierre n'a pas été plus souvent constatée dans notre Hôtel-Dieu, c'est qu'en effet elle ne s'y présente que très-rarement.

Je dois même ajouter que sur les quatre maladies traitées depuis 59 ans à l'Hôtel-Dieu de Caen, il en est trois qui présentent comme étiologie certaines particularités qui sont d'un grand intérêt au point de vue qui va nous occuper. — Dans la première observation où l'opération de la taille fut faite par le D^r Le Sauvage, il s'agissait d'un jeune homme d'une vingtaine d'années qui était tombé à l'âge de dix ans sur un morceau de bois effilé. La pointe avait déchiré le périnée et pénétré jusque dans la vessie. Il n'avait souffert des premiers symptômes de la pierre que quelque temps après la cicatrisation de la plaie. — Il est permis de supposer qu'ici, comme je l'ai observé chez un autre malade dont je vous entretiendrai plus tard, la concrétion urinaire avait été causée par la présence d'un corps étranger, un petit fragment de bois ou de vêtement resté dans la vessie après l'accident.

Je ne sais rien du second cas qui appartient à mon prédécesseur, M. Le Prestre. — Dans le troisième, le malade était un vieillard, que j'ai opéré par la *lithotritie*, il y a quatre ans, et qui nous était venu du département de l'Eure. La boisson ordinaire de cet homme était le *vin*. — Enfin, la malade qui fait l'objet de la quatrième observation est, vous le savez, une femme livrée aux excès de tout genre depuis longtemps, quoique jeune encore; et il est plus que probable que le cidre n'est pas ce qui joue le rôle prépondérant dans ses excès alcooliques. Vous l'avez entendue dire même que, depuis quelques années, elle boit généralement du *vin*. — Vous prévoyez les conséquences que nous en tirerons bientôt.

La clinique de la ville concorde avec les données de l'hôpital. A ma connaissance, la *taille* n'a pas été faite à Caen, dans la pratique civile, depuis 1857, — et la *lithotritie* depuis 1867. — Dans l'opération de 1857, il s'agissait d'un enfant de sept ans, rue Coupée, — et dans celle de 1867, d'un vieillard, *bourguignon* d'origine, demeurant rue Branville, et qui ne buvait que du *vin*. Mes confrères interrogés ne m'en ont signalé aucune autre.

Si nous portons nos investigations en dehors de la ville, dans les autres régions du départe-ment, les résultats ne seront pas moins accusés ; et ici je suis autorisé à vous donner les noms de médecins connus, la plupart très-répandus, exerçant depuis longues années, et à la notoriété desquels ces renseignements empruntent une réelle valeur. Je les résumerai aussi brièvement que possible.

Pour l'*arrondissement de Caen*, je citerai d'abord le docteur Laville, d'Argences, qui, depuis trente-trois ans, parcourt une partie du Pays-d'Auge dans tous les sens et n'a pas rencontré une seule fois la pierre. — M. Godefroy, de Clinchamps, où le cidre est acquis, n'en a jamais vu ; — M. Des-mazures, à La Délivrande, n'en a observé aucun cas depuis trente ans qu'il exerce la médecine dans quinze communes environnantes.

Il en est de même de M. Dufay, à Creully,
depuis 40 ans ; — de M. Durand, fixé à St-
Aubin-sur-Mer depuis 45 ans ; — de M. Gon-
douin, à Courseulles , depuis 33 ans ; — de
M. Opois, à Lion-sur-Mer, depuis 18 ans. —
M. Saint-James, à Bretteville-l'Orgueilleuse depuis 33 ans, a soigné quelques coliques néphrétiques , mais ne compte aucun cas de pierre
vésicale. — M. Hautement, d'Évrecy, m'adresse
le curieux renseignement que voici : « Je n'ai
« jamais rencontré de calculs vésicaux depuis
« 25 ans, excepté chez un de mes clients ,
« M. de X..... auquel j'ai vu rendre successi-
« vement un grand nombre de calculs *uriques*
« dont le poids atteindrait au moins une demi-
« livre. Je l'ai envoyé à Contrexeville, il y a
« deux ans » ; « malgré les énergiques protesta-
« tions du malade, notre confrère des eaux voulut
« à toute force attribuer cette diathèse à l'in-
« fluence des *acides du cidre*. Or, M. de X.....
« *n'en a jamais bu ;* il ne boit que du *vin.* —J'espère

« que vous me viendrez en aide pour le convertir
« au cidre. » — Dans l'espace de 11 ans, M. Lemonnier, à Troarn, n'a vu aucun calculeux. —
M. Desmonts, de Ste-Honorine-du-Fay, m'écrit :
« Je suis de votre avis au sujet de la pierre ; je
« ne l'ai jamais rencontrée depuis *quarante-sept*
« ans que j'exerce la médecine. » — M. Le
Fresne, de Carcagny, a exercé la médecine dans
le Calvados ainsi que son frère et son père.
Aucun d'eux n'a observé de pierre vésicale. Or,
l'exercice professionnel de ces trois confrères
comprend une période de *quatre-vingt-six ans !*

Dans *l'arrondissement de Bayeux*, M. Aubraye,
chirurgien de l'hôpital, n'a jamais eu depuis 20
ans la pierre à soigner. Les registres de l'Hôtel-
Dieu n'en font aucune mention. — J'en dirai
autant de M. Basley, médecin du même hôpital
depuis 24 ans. — M. de Courval en a rencontré
une. — M. Davy a eu à soigner de la même
affection un enfant de 6 ans, que j'ai vu moi-

même en consultation. Cet enfant ne buvait que de l'*eau rougie*. M. le Dr Tahère avait été appelé pour le même cas, et depuis 40 ans qu'il pratique la médecine dans tout le canton de Tilly et les cantons limitrophes, il n'en a pas observé d'autres.

A Caumont-l'Éventé, M. Des Rivières, depuis 30 ans dans le pays, n'en signale aucun cas. — M. Bisson a eu dans sa clientèle un cas fort curieux pour lequel nous avons pratiqué ensemble l'opération de la taille.—Il s'agissait d'un homme de 35 ans qui avait fait pénétrer jusque dans la vessie un fêtu de blé. — Dix mois après il présentait tous les symptômes qui révèlent la présence d'un calcul. Nous avons extrait par la taille périnéale trois pierres du volume d'une grosse noix, présentant chacune à leur centre le brin de paille parfaitement reconnaissable, espèce d'*axe* autour duquel s'étaient déposées les concrétions pierreuses. — Ici la cause déterminante de l'affection n'est pas douteuse.

A Villers-Bocage, M. Binet a observé trois cas

de gravelle depuis 24 ans, jamais la pierre; ainsi de M. Chonneaux-Dubisson exerçant dans la même localité depuis 27 ans; — de M. Roger, depuis 18 ans à Anctoville. — Mêmes renseignements négatifs de la part de MM. Lacour, à Trévières, depuis 30 ans; — Jouet, à Isigny, depuis 24 ans; — Droullon père, à La Cambe, depuis 40 ans; — Fouchard, également à La Cambe, depuis 16 ans.

M. Devaux, de Colombières, m'écrit : « Mon « témoignage vient à l'appui de votre opinion « sur la rareté de la *pierre*, en Basse-Normandie. « En effet, depuis le mois de septembre 1841, « c'est-à-dire depuis plus de *quarante* ans que « j'ai fait mes débuts comme médecin, à Colom- « bières, je n'ai rencontré aucun calculeux. « J'ajouterai que, dans mes rapports avec mes « confrères voisins, je n'ai pas souvenir que « l'un d'eux m'ait parlé de soins à donner à « un malade atteint de la pierre; et, cepen-

« dant , il me semble que la rareté et la
« gravité d'un cas pareil aurait dû , à l'occasion,
« amener sur ce chapitre intéressant la conver-
« sation confraternelle. »

Dans l'*arrondissement de Falaise* , même pénu-
rie de pierres. — A Falaise même, M. Lebas n'en
a pas observé depuis 24 ans. M. Turgis, depuis
15 ans, n'a opéré qu'une femme à Trun , par la
taille sous-pubienne ; chirurgien de l'hôpital , il
n'a trouvé aucun cas inscrit dans les archives
administratives. — M. Fouasnon , depuis 30 ans
à Harcourt, a observé une fois la pierre chez une
femme de 45 ans , originaire de Paris, qui ne
buvait que du *vin*. — Mon honoré collègue à
l'Hôtel-Dieu , M. Maheut, m'a appelé chez un
de ses clients , à St-Laurent-de-Condel , que
nous avons opéré par la lithrotritie.

Depuis 42 ans qu'il exerce à Bretteville-sur-
Laize, le docteur Fouques n'a pas soigné un seul
calculeux,—pas plus que le docteur Lebray.

Dans l'*arrondissement de Lisieux*, à part les cas qui ont été observés à Lisieux même, la pierre est tout aussi rare que dans les autres arrondissements. — A St - Pierre - sur - Dives, M. Colas me signale un cas en 30 ans; — M. Hue, à Livarot, en 25 ans, n'en a point observé; — ni M. Dutac, à Fervacques, en 15 ans; — ni M. Hue, à Orbec, en 18 ans.

Mais la ville de Lisieux, je le répète, fait exception. — Le Dr Notta a eu l'obligeance de m'envoyer une note détaillée des divers cas qu'il a observés; ils sont au nombre de seize depuis 30 ans. — Mais ce chiffre, qui s'éloigne sensiblement de ce que nous observons dans le reste de la contrée, a beaucoup moins d'importance qu'il ne paraît d'abord en avoir. Nous devons faire remarquer en effet qu'un certain nombre de malades sont venus du département de l'Eure, qui ne doit pas entrer en ligne de compte quand il s'agit de la Basse-Normandie, et où d'ailleurs l'usage du vin est beaucoup plus répandu que chez nous. Enfin, presque tous les cas observés à l'hôpital atteignaient des ouvriers des manufactures, gens nomades, dont la plupart viennent de départements vinicoles et sont étrangers à notre province.

Mes renseignements, pour *l'arrondissement de Pont-l'Évêque*, sont également assez complets. Je citerai comme témoignage extrêmement important celui de M. Boutens, qui a exercé dans le canton de Dozulé pendant 64 ans, et qui, durant ce long laps de temps, n'a jamais observé la pierre vésicale. — Ce coin du Pays-d'Auge est pourtant réputé non moins pour sa bonne chère que pour ses cidres qui y sont en effet excellents. — M. Vautier, de Dives, en 33 ans, a observé avec moi un cas à Beuzeval, chez un baigneur, étranger à la localité et buveur de *vin*. — Aucun cas ne m'est signalé par M. Lecornu, à Pont-l'Évêque.

M. Morel, ancien interne de cet hôpital, établi

à Touques depuis 22 ans, n'a jamais rencontré la pierre vésicale dans les environs de Touques ou de Trouville. Il a donné des soins, il est vrai, à trois individus atteints de la pierre, mais tous les trois étrangers et buveurs de *vin*.

M. Roccas, de Trouville, m'écrit qu'il n'en a observé, pendant 30 ans, qu'un seul cas, chez un homme perclus de goutte héréditaire et qu'il adressa à M. Notta. — Mon honoré confrère ajoute qu'appelé a donner des soins au sénateur X..., venu aux bains de mer, à la suite d'une opération de lithotritie, et voyant son malade souffrir et uriner le sang malgré le traitement mis en usage, il finit par lui prescrire l'usage exclusif du *cidre*, pour toute médication. — L'hématurie disparut presque aussitôt ainsi que les douleurs, et le malade se considérait comme guéri au moment où il s'éloigna de Trouville.

Quatre cas ont été constatés par M. Lamare, de Honfleur, pendant une période de 40 années.

— Si nous exceptons le premier, observé chez un enfant mort d'une complication cardiaque, à l'âge de 7 ans, les trois autres méritent une mention spéciale. — Chez une femme de 28 ans, un calcul très-volumineux s'était formé autour d'une *épingle à cheveux*, introduite dans la vessie, 4 ans avant l'opération heureusement pratiquée par la taille cysto-vaginale; — chez un marin de 65 ans, une *sonde* rompue dans la vessie, avait été également le point de départ de la concrétion; — le troisième malade était un ancien prêtre, de 75 ans, qui ne *buvait que du vin*. — « Je sais, ajoute-t-il, par les marins d'Angleterre et de Hollande, qui viennent dans notre port, que la pierre est fréquente dans leur pays : si elle est si rare en Normandie, n'en cherchez pas la cause ailleurs que dans l'usage des fruits acides de notre contrée et surtout dans l'usage du *cidre*. »

Enfin, *l'arrondissement de Vire* nous donne

également une statistique à peu près négative. —
M. Buot-Lalande, à Vire, dans l'espace de 33
ans, n'a aucune observation. —J'apprends de M. le
Dr Cordier que, depuis 35 ans qu'il exerce la médecine dans le canton d'Aunay-sur-Odon et
dans les cantons voisins, il n'a jamais vu la
pierre. — M. le Dr Girard, dans la même région depuis 24 ans, tient le même langage. —
Enfin, M. Vaulegeard, qui s'est spécialement
occupé de chirurgie dans toute la contrée qui
avoisine Condé-sur-Noireau, et qu'entre paren-
thèse je dois vous signaler comme ayant eu le
premier, en France, l'heureuse audace de pratiquer l'ovariotomie, me fait l'honneur de m'é-
crire : « Dans une pratique de *soixante* ans, en
« ce qui touche aux affections calculeuses, mes
« souvenirs ne me rappellent que trois cas : deux
« hommes déjà avancés en âge et très-épuisés,
« calculeux avec catarrhe vésical et qui ne tar-
« dèrent pas à succomber ; et un jeune homme
« de 20 à 25 ans, qui alla chercher ailleurs une

« médication et des conseils sans doute plus
« efficaces, mais dont je n'entendis plus parler. »
— Pareil témoignage dans la bouche du doyen
des chirurgiens de notre Basse - Normandie, a
une éloquence que vous apprécierez.

Voilà, Messieurs, le bilan du Calvados, depuis un demi-siècle environ.

Avons-nous établi son actif avec une rigueur
mathématique ? — Il serait téméraire de le prétendre.

On peut objecter surtout que nous n'avons
pas pris de renseignements près de tous les médecins établis dans le département. En effet, nous
avons dû omettre un certain nombre de confrères
qui, tout en ayant déjà une pratique fort étendue, n'exercent pas depuis assez longtemps pour
que leur témoignage puisse être concluant. —
Mais n'oublions pas que nous avons affaire à une
maladie sérieuse, à une maladie à marche chronique, qui donne le temps au patient de faire

appel à d'autres conseils qu'à ceux de son médecin ordinaire, lequel est le premier souvent à désirer l'avis d'un confrère plus connu ou plus compétent, plus habitué aux responsabilités ; si bien que nous aurions pu même restreindre sans aucun inconvénient, beaucoup plus que nous ne l'avons fait, l'étendue de nos informations. — L'erreur à craindre, dans les recherches de ce genre, n'est pas comme on pourrait le supposer, d'arriver à un chiffre inférieur à la réalité, mais bien plutôt d'être conduit à une évaluation exagérée ; car le même malade, comme nous l'avons maintes fois constaté, est quelquefois observé successivement par cinq ou six médecins, et il arrive ainsi qu'un seul cas, si on n'y prend garde, entre en ligne de compte cinq ou six fois.

Un ou deux noms dans chaque arrondissement, parmi les praticiens qui s'occupent plus spécialement de chirurgie, seraient suffisants pour une appréciation à peu près exacte. — Ainsi depuis

20 ou 30 ans, combien de cas de pierre, combien d'opérations de taille ou de lithotritie ont pu rester ignorés de MM. Basley ou Aubraye, dans l'arrondissement de Bayeux ; de MM. Turgis ou Le Bas, dans l'arrondissement de Falaise ; de MM. Notta ou Colas, dans l'arrondissement de Lisieux ; de MM. Roccas, Morel ou Lamarre, dans l'arrondissement de Pont-l'Évêque ; de M. Vaulegeard, dans l'arrondissement de Vire ? Et s'il m'est permis de me citer après ces honorables confrères, mes informations pour Caen et les environs n'ont-elles pas été aussi faciles, et aussi sûres ? — Cette affection est si peu fréquente, ces opérations attirent tellement l'attention que non-seulement elles n'échappent pas aux médecins de la contrée, mais qu'elles sont même pour les personnes étrangères à l'art l'objet d'une curieuse préoccupation.

Les deux autres départements de la Basse-

Normandie, la *Manche* et l'*Orne*, se rapprochent beaucoup du Calvados, non-seulement par le climat, le sol et les perturbations atmosphériques, mais encore par les usages et la manière de vivre des habitants; on pourrait, à la rigueur, en conclure, avec quelque apparence de raison, que la pierre vésicale ne doit pas y être plus fréquente que dans notre département, où le genre d'alimentation, en général plus substantiel, prédispose même tout particulièrement, comme nous le verrons, aux *concrétions uriques*. — Mais si légitime que pût paraître cette déduction, nous avons cru devoir aller encore ici aux informations directes.

Dans le nord du département de la *Manche*, nous avons d'abord interrogé M. le docteur Lafosse. Cet honoré confrère est chirurgien en chef de l'hôpital de Cherbourg, il exerce dans une ville populeuse où séjournent un grand nombre d'étrangers. Voici les renseignements

qu'il veut bien nous adresser : « La pierre est
« très-rare dans notre pays *bas-normand*, à tel
« point que, depuis 35 ans que j'exerce la mé-
« decine, je n'ai pu constater cette affection que
« trois fois. — Mon collègue Guiffard, établi à
« Cherbourg depuis 25 ans, avec lequel je viens
« de m'entretenir de cette question, n'en a jamais
« vu d'autre que ces trois mêmes cas, que je
« lui avais montrés. — Le *cidre* pourrait bien
« contribuer ainsi que vous le pensez à la rareté
« de cette maladie : — je m'en rapporte à vous
« pour le démontrer. »

M. Bonamy, aux Pieux, malgré 45 ans d'une
pratique très-étendue, ne l'a pas rencontrée.

A *Valognes*, M. Sébire, qui réunissait dernièrement ses confrères de l'arrondissement pour fêter
la *cinquantaine* de son exercice professionnel,
n'a *jamais* observé la pierre vésicale, et n'en a
jamais entendu parler dans le pays. Et cependant,
appelé dans toutes les directions autour de Va-

lognes, qui est la position la plus centrale de
cette extrémité de la presqu'île , nul n'a pu être
mieux renseigné, non-seulement sur les communes de l'arrondissement, mais encore sur un
grand nombre de localités appartenant aux arrondissements de Cherbourg, de Coutances et de
St-Lo. — Il raconte seulement, qu'au moment où
il s'est fixé à Valognes, il y a cinquante ans, on
parlait, comme d'une chose extraordinaire et
tout à fait exceptionnelle, d'une maladie de la
pierre, pour laquelle un M. de P..... avait dû
subir une opération à Paris ; et M. Sébire ajoute
que, dès cette époque, certaines familles riches,
— c'était le cas pour la famille de P....., —
buvaient habituellement du vin. — Ce grave témoignage, de la part d'un praticien aussi répandu
et d'une aussi grande notoriété, pourrait nous
édifier, pour toute cette région septentrionale.
— Nous y joindrons pourtant celui d'un autre
confrère de la même ville, non moins répandu,
M. Leneveu père, qui, depuis trente-cinq ans

qu'il exerce la chirurgie dans le pays, *n'a jamais non-seulement opéré, mais même rencontré en consultation un calculeux* (1).

Mêmes renseignements négatifs de la part de M. Bricquebec, également à Valognes depuis 15 ans ; — de M. Joly de Senoville, à St-Sauveur-le-Vicomte, depuis 25 ans ; de M. Bigot, à

(1) Son fils, M. le Dr Ch. Leneveu, l'un des élèves les plus distingués de notre École de Caen, a eu l'obligeance de faire des recherches dans le *Traité de chirurgie* du célèbre Moquet de La Motte, qui a exercé à Valognes, au XVIIe siècle, et qui, en raison de sa grande réputation de science et d'habileté comme opérateur, fut appelé pendant de longues années sur tous les points de la province. Or, d'après cet ouvrage rempli d'érudition et d'observations extrêmement intéressantes, La Motte n'a rencontré que sept calculeux. — C'est peu pour un chirurgien dont la clientèle s'étendait sur un aussi large espace, et qu'on appelait jusqu'à Pont-l'Évêque pour les accouchements difficiles. — Presque toutes ces observations portent sur des gens *pauvres*. « Cette remarque « ne me paraît pas sans valeur, ajoute mon jeune et labo- « rieux confrère ; car, dans ce temps-là, les petites gens « buvaient plus souvent de l'eau que du cidre. Aujourd'hui, « c'est le contraire qui a lieu ; de sorte qu'on s'explique la « fréquence de la pierre un peu plus grande à cette époque « qu'aujourd'hui. »

Portbail, depuis 22 ans. Le Dr Mauduy, à Montebourg, depuis 20 ans, n'en a jamais entendu parler dans le pays.

M. le Dr Gouville, maire de Carentan, m'écrit : « J'exerce ici et dans les environs depuis 1830, « c'est-à-dire depuis *cinquante* ans ; je n'ai « rencontré que deux cas de gravelle, fort « légère, n'occasionnant que des malaises peu « graves et passagers. La pierre est donc une « maladie très-rare dans notre contrée. »

A St-Lo, M. le Dr Bernard, pendant une pratique de 40 ans, ne l'a pas rencontrée dans sa clientèle, pas plus que M. le Dr Lhomond, en 18 ans, ni M. le Dr Alibert, dans l'espace de 15 années. — Le Dr Houssin-Dumanoir, maire de St-Lo, est, de tous les médecins du département près desquels jai pris des renseignements, celui qui en a observé le plus grand nombre. « Depuis « bientôt *quarante-neuf ans,* dit-il, que j'exerce « la médecine, j'ai eu l'occasion de donner des

« soins à sept calculeux de l'arrondissement de St-Lo. » — Ce chiffre, remarquable eu égard à la statistique fournie par les autres parties du département, se décompose de la manière suivante : quatre malades avaient été atteints dans l'enfance ; sur ces quatre, trois ont été opérés par notre habile confrère, et avec un plein succès. Les trois autres étaient des hommes âgés, exerçant une profession libérale. — Les renseignements sur leur boisson habituelle font défaut.

Dans l'arrondissement de Coutances, le Dr Tanquerey, exerçant dans ce pays depuis 35 ans, n'en signale aucun cas. — Je reçois du Dr Cochet, d'Avranches, la communication suivante : « La " pierre est une maladie fort rare dans notre « pays, à ce point que, dans une pratique de « quarante années, tant à Avranches que dans « les environs, il ne m'a pas été donné de la « rencontrer *une seule fois.* » — Le Dr Lanos, à La Haye-Pesnel, depuis 24 ans, ne l'a jamais observée.— A St-Hilaire-du-Harcouet, le Dr Vau-grente, appelé depuis 25 ans dans un grand nombre de communes de l'arrondissement de Mortain, est dans le même cas.

La boisson ordinaire dans ces diverses contrées est le cidre.

Les renseignements venus du département de l'Orne concordent avec les précédents.

Le chirurgien de l'hôpital d'Argentan, M. le Dr Morel, depuis 28 ans, n'a jamais observé la pierre, ni à l'hôpital, ni en ville, excepté toutefois chez un de ses vieux confrères, le Dr L..., qui ne buvait *que du vin.*—Le Dr Perrin, également à Argentan, le Dr Morel, à Écouché, ne citent aucune observation. — Le Dr de Lamare, exerçant dans un rayon qui comprend non-seulement l'arrondissement de Séez, mais presque tout le département de l'Orne, m'adresse la note suivante : « Dans ma pratique médicale, « datant de *quarante-cinq ans,* je n'ai rencontré

« qu'une fois (il y a quatre ans) l'affection
« calculeuse. C'était chez un de mes amis,
« âgé de 68 ans. En revenant de Contrexeville,
« où je l'avais envoyé prendre les eaux, il
« fut atteint d'une rétention d'urine, à Paris.
« L'exploration de la vessie fit reconnaître la
« présence d'un calcul peu volumineux. A la
« suite des manœuvres nécessitées par cet
« examen, plusieurs accès de fièvre intermit-
« tente se succédèrent. Revenu chez lui, le
« malade fut pris d'un accès pernicieux, qui
« l'emporta. — Il était fin gourmet, aimait la
« bonne chère, buvait du cidre et de bons vins. »

.M. de Lamare a entendu parler de deux autres
cas : dans l'un, il s'agissait d'un médecin d'Argentan (c'est ce confrère déjà signalé par M. Morel); l'autre était un malade de La Ferté-Macé,
opéré l'année dernière, à l'hôpital, par le Dr
Lory. « Je puis donc vous dire, « ajoute-t-il
« comme conclusion, que, dans notre contrée,
« *l'affection calculeuse est très-rare.* »

Le Dr Rouyer, chirurgien de l'hôpital de
Laigle, n'est pas moins explicite : « J'avais
« étudié avec soin la *taille*, dit-il, dans mes
« exercices de médecine opératoire, et en ve-
« nant me fixer à Laigle, je m'étais déjà muni
« d'une partie des instruments nécessaires pour
« la *lithotritie* et la *taille*. Depuis 20 ans, non-
« seulement je n'ai pas vu *un seul cas de pierre ;*
« *mais je n'en ai même jamais entendu parler*
« *dans le pays.* »

Dans l'arrondissement voisin, à Mortagne, le
Dr Ragaine, très-répandu dans toute la contrée
depuis près de 50 ans, n'en signale aucun cas.
— Je lis dans une lettre que m'adresse mon
ami, le Dr Casterau, de la Poôté, près Alençon:
« J'ai eu l'occasion de voir quelques-uns de
« mes confrères voisins ; aucun n'a rencontré
« la pierre. Tout me fait croire que, dans notre
« pays, où l'on ne boit exclusivement que du
« *cidre*, cette maladie doit être très-rare. Dans
« ma clientèle, qui se répartit sur une popula-

« tion d'à peu près vingt mille âmes, je n'ai
« observé depuis 25 ans qu'un seul calcul vésical
« chez une vieille femme. Il mesurait 2 centi-
« mètres et demi d'épaisseur sur 5 centimètres
« de long, et je pus l'extraire par l'urèthre,
« préalablement dilaté. Je n'ai entendu parler
« d'aucun autre cas. » — Il en est de même du
Dr Marsigay, au Merlerault, depuis 23 ans ; —
de M. Aury, au Sap, depuis 18 ans.

De Domfront, le Dr Lévesque m'écrit : « J'ai
« rencontré un cas de pierre il y a environ six
« mois. C'est le seul depuis 14 ans et demi que
« j'exerce la médecine à Domfront, et je n'ai
« *jamais entendu dire à mes confrères qu'ils en*
« *aient observé.* »

Cette sommaire énumération vous aura peut
être paru longue et aride, Messieurs, et ce n'est
point sans quelque difficulté que j'ai pu en réunir
les éléments divers ; mais elle était indispensable
pour établir sur une base que je crois désor-

mais solide le fait même qui est le point de départ de notre étude. — Si large qu'ait été l'enquête, sans doute quelques points de notre province restent encore inexplorés ; il est certaines régions, surtout dans l'Orne et le sud de la Manche, qui n'ont pas été interrogées. — Mais nous nous sommes déjà expliqué sur ce point : ces quelques lacunes ne peuvent avoir aucune influence sur l'ensemble de nos investigations, dont la trop grande multiplicité serait plutôt à craindre.

Vous le voyez, le total auquel nous sommes arrivé est vraiment bien minime. Et si nous en retranchons les cas dans lesquels la formation de la pierre était en quelque sorte fatale, c'est-à-dire ceux où la vessie renfermait un corps étranger quelconque, un bout de sonde, une paille, un fragment de bois ou de vêtement, une épingle, noyaux autour desquels se sont déposées les incrustations ;—si nous en retranchons également les cas où le vin était la boisson habituelle au malade, que reste-t-il ?

Toute entreprise nouvelle a ses imperfections, et sans nous dissimuler tout ce que la nôtre peut laisser à désirer, nous en tirons au moins cette conclusion légitime et que ne pourraient infirmer des recherches ultérieures : c'est que l'opinion d'après laquelle la maladie de la pierre est une affection rare en Basse-Normandie ne peut plus être considérée comme une de ces légendes populaires, trop souvent l'écho de préjugés et d'erreurs ; — c'est une vérité scientifiquement démontrée ; c'est un fait désormais acquis à la science.

Il s'agit maintenant d'en trouver l'explication et de rechercher les conséquences pratiques qui en découlent.

———

DEUXIÈME LEÇON.

FORMATION DE LA PIERRE DANS LA VESSIE.

Sommaire. — La pierre dans les autres contrées. — Étiologie de la pierre. — Deux catégories distinctes. — Pierres formées par l'*acide urique*. — Pierres *phosphatées*. — Les premières , dues à une alimentation trop azotée. — Les secondes, à des affections de la vessie. — L'alimentation aussi succulente en Basse-Normandie que dans la plupart des autres contrées. — Les causes d'inflammation ou de catarrhe de vessie aussi fréquentes. — Ce qui distingue l'hygiène du Bas-Normand : le *cidre.*

MESSIEURS ,

Nous avons constaté dans notre dernière conférence que la pierre était une maladie rare en Basse-Normandie. J'aurais voulu pouvoir vous faire apprécier d'une manière plus exacte, plus nette, ce peu de fréquence absolue, en établissant des points de comparaison avec des contrées plus ou moins voisines de la nôtre. — Malheureusement les statistiques comparatives au point de vue de l'affection qui nous occupe sont encore à faire. C'est à peine si nous avons quelques données approximatives entre les divers peuples. Mais, sans parler de l'Angleterre, où elle est plus fréquente qu'en France, ou de l'Asie-Mineure, dont certaines villes, comme Beyrouth, renferment tant de calculeux que les barbiers, nos *confrères* d'autrefois, font eux-mêmes cette terrible opération de la *taille* (1), on sait qu'en Bourgogne, par exemple, la pierre est une maladie très-commune. Il est peu de villages qui ne comptent quelques calculeux, et voici même un renseignement plus précis; il porte, il est vrai, sur une région limitée; il n'en a que plus de

(1) Note due à l'obligeance de M. le comte de Perthuis, qui a longtemps habité ces contrées.

valeur. Je le dois à l'obligeance de M. le Dr Sarrazin, l'un des chirurgiens de l'armée les plus distingués, établi dans la ville de Bourges depuis sept ans seulement. Or, depuis qu'il est à Bourges, en sept ans, cet habile opérateur en est à sa *quarante-cinquième* opération de taille !

La population de Bourges est bien moins considérable que celle de Caen. Lorsqu'on met ces 45 tailles du Dr Sarrazin, qui pourtant n'est pas le seul médecin de Bourges, en présence des 23 ans écoulés sans qu'aucune opération de ce genre ait été faite dans notre ville, la comparaison est tout à la fois rassurante et probante. Elle me dispense d'insister plus longtemps pour faire apprécier à sa juste valeur l'heureux privilége dont la Basse-Normandie doit se féliciter à juste titre.

Cette immunité une fois établie, il me paraît indispensable, pour en rechercher avec vous l'explication, de vous présenter d'abord quelques considérations sur l'histoire chimique des pierres et sur la manière dont elles se forment dans l'organisme.

Envisagées au point de vue étiologique, les pierres vésicales peuvent être divisées en deux espèces principales : 1° les pierres formées par l'*acide urique*; 2° les pierres constituées par des *phosphates alcalins*.

Les premières, de beaucoup les plus fréquentes, celles qui ne sont autres qu'une concrétion d'acide urique, tiennent à des conditions de régime spéciales. — Dans l'état normal de santé, les substances alimentaires azotées, viandes, poissons, œufs, etc., après avoir éprouvé une première transformation dans l'estomac, sont mises en rapport dans le torrent circulatoire avec l'oxygène absorbé par les poumons, où elles subissent déjà un certain degré d'oxygénation, c'est-à-dire de combustion. — Puis, transportés dans l'épaisseur même des tissus, et soumises au travail intime de la nutrition, leur oxygénation ou

combustion se complète. Après avoir fait partie
essentielle des tissus pendant un temps plus ou
moins long, ces substances azotées rentrent dans
la circulation et sont éliminées par les reins, étant
transformées en *urée*, substance extrêmement
soluble, dont les urines renferment toujours une
proportion notable. — Mais ces aliments azotés,
soit parce qu'ils sont absorbés en trop grande
quantité, soit par quelque autre cause spéciale,
ne subissent pas toujours un degré de combustion
ou d'oxydation suffisant. Alors, leur transformation en *urée* n'est plus complète ; l'oxygène
absorbé par la respiration ne l'a pas été en
quantité proportionnellement suffisante et, au
lieu d'urée, il se forme un produit moins brûlé,
moins oxygéné, l'acide *urique*, lequel est beaucoup moins soluble. Lorsqu'il se trouve en
trop forte proportion dans l'urine, il cristallise
et forme ces concrétions rougeâtres qu'on
observe souvent au fond des vases de nuit :
lorsqu'elles restent dans la vessie, ces petites

concrétions forment le point de départ des noyaux pierreux. — Voilà pour le premier groupe.

Les pierres constituées par les *phosphates alcalins*, que nous rangeons dans le second groupe, reconnaissent une autre origine ; mais la théorie chimique paraît tout aussi simple. — Ici , nous n'avons plus à accuser un régime trop succulent , une alimentation trop riche en aliments azotés. La plupart des concrétions phosphatées se forment dans les vessies *malades* , soit qu'il s'agisse d'une inflammation chronique du réservoir urinaire ou de ses annexes , soit qu'il s'agisse d'une tumeur , d'une dégénérescence , etc. Dans ce cas, le pus ou le liquide pathologique quelconque qui se trouve mêlé à l'urine détermine une espèce de fermentation, qui décompose l'urée et la transforme en *carbonate d'ammoniaque*. En présence du carbonate d'ammoniaque , les phosphates *acides* qui se trouvent constamment en grande quantité dans l'urine et qui sont très-solubles abandonnent une partie de leur acide phosphorique qui se porte sur l'ammoniaque ; ainsi dépouillés d'une partie de leur acide phosphorique qui les rendait solubles, les phosphates acides deviennent phosphates neutres *insolubles*, et l'on voit bientôt se précipiter en concrétions qui s'accroissent sans cesse par l'addition de nouvelles couches, des phosphates de chaux, des phosphates de magnésie, des phosphates d'ammoniaque, etc. Dans ce cas, l'urine est toujours alcaline ; c'est même là un élément de diagnostic qu'en clinique vous ne devrez pas négliger. — Voilà l'origine chimique du second groupe de pierres.

J'ajouterai qu'une alimentation insuffisante, ou composée presque exclusivement de substances végétales, est regardée comme une condition favorable au développement de ces calculs phosphatiques (1).

(1) Les pierres peuvent être encore constituées par d'au-

J'aurais voulu vous épargner les arides détails de cette petite digression chimique. Mais, en dehors de l'intérêt médical qu'elle présente, elle peut, si je ne me trompe, nous être de quelque utilité pour diriger nos recherches, pour les rendre par cela même plus précises et pour nous donner plus de confiance et de sécurité dans nos appréciations définitives.— Désormais, en effet, nous n'avons plus qu'à nous demander, — d'une part, si le régime alimentaire dans notre pays est tout aussi riche en substances azotées, aussi succulent que celui des autres contrées, en un mot, s'il est de nature à produire autant d'*acide urique ;* — d'autre part, si les conditions climatériques et les diverses autres causes sous l'influence desquelles se développent les maladies vésicales occasionnant les concrétions *phosphatées* existent chez nous comme chez nos voisins ;

tres sels, notamment les oxalates ; mais cette espèce est assez rare pour pouvoir être négligée dans cette analyse sommaire.

— enfin, dans le cas d'affirmative, *quel est dans les habitudes de la vie le détail hygiénique spécial à la Basse-Normandie qui empêche un régime trop azoté ou les affections de la vessie de déterminer la maladie de la pierre.*

Circonscrite dans ces étroites limites, la question, pour être résolue, n'exige plus en quelque sorte de connaissances spéciales. Sans qu'elle sorte pourtant du domaine médical, on pourrait dire qu'elle n'est plus qu'une affaire d'observation et de bon sens.

Sous le rapport des produits alimentaires, il est peu de pays aussi favorisés que notre Basse-Normandie. Sa richesse à ce point de vue est devenue presque proverbiale. Ses côtes, immenses relativement à son étendue, ses nombreuses rivières lui fournissent un poisson abondant et exquis; — sur presque tous les points, des pâturages étendus, et notamment le Pays-d'Auge, apportent au commerce de la boucherie

les viandes les plus estimées ; — toute la côte ouest
du département de la Manche, depuis le cap de
La Hague, Surtainville, St-Paul-des-Sablons ;
Carteret, jusqu'aux falaises de Granville et aux
environs du Mont - St - Michel, est couverte de
cette petite race de moutons, dont la vie sur le
bord de la mer, à moitié sauvage, donne à leur
chair une qualité exceptionnelle. — Ses beurres,
surtout ceux qui viennent du Cotentin, des environs de Valognes, de Carentan, d'Isigny, sont les
meilleurs du monde entier ; — elle est également
renommée pour ses fromages. — Presque partout, mais principalement dans les régions ac-
cidentées et boisées où se cultivent les céréales,
l'élevage des volailles est considérable. Qui
ne connaît les chapons de St-Lo, les oies
d'Alençon, les poules de Crèvecœur ? — Les
œufs sont l'objet d'un commerce immense. —
Si nous manquons de raisin (et encore quand la
vigne est bien exposée, est-il bien meilleur qu'on
ne le dit), nous avons presque tous les autres

fruits et surtout la pomme, dont nous exportons chaque année des milliers de tonnes, et qui nous fournit cette fameuse boisson, le *cidre*, dont nous allons étudier bientôt les propriétés.

Sur un sol aussi plantureux, Messieurs, la nourriture des habitants doit être abondante, succulente, et elle l'est en effet. — Certaines campagnes du Bocage et du nord de la Manche, il est vrai, de La Hague surtout, sont d'une frugalité antique. Dans ces parages, le petit propriétaire, le laboureur, sans cesse en lutte avec une terre ingrate, laborieux, sobre, économe, ne mange qu'exceptionnellement de la viande fraîche ; — le fond de l'alimentation est presque exclusivement composé de farineux et de végétaux ; le dimanche, et encore il y a de nombreuses exceptions, il extrait de son *sinot* un morceau de lard salé et ranci qui devra faire tous les frais de la semaine.

Mais ce genre de vie ne s'observe plus qu'en

quelques endroits limités et qui tendent à se ré-
trécir de jour en jour. Presque partout, les
Bas-Normands mettent largement à profit les
bonnes productions de leur pays. Certaines
villes même sont devenues légendaires par la
profusion des mêts servis sur les tables, et il
en est où les invitations à dîner deviennent, pendant une partie de l'année, la principale préoccupation de certaines classes de citoyens plus
ou moins oisifs.

Dans la plaine de Caen et dans certaines régions
de la Manche et de l'Orne, les cultivateurs se
plaignent vivement des exigences de leurs domestiques pour l'*alimentation*, dont la viande de
boucherie doit former la plus large part ; — les
dépenses de ce chef prennent des proportions
inquiétantes.

Nous pouvons donc affirmer qu'au point de
vue de l'alimentation qui exerce, nous l'avons
démontré, une si grande influence sur la forma-

tion de l'acide urique dans les urines, la Basse-Normandie se trouve dans des conditions tout à fait favorables au développement de la maladie de la *pierre*.

Est-elle dans des conditions plus satisfaisantes en ce qui concerne une autre source des maladies calculeuses, je veux parler des inflammations et autres affections *vésicales* ?

Évidemment non. Si nous consultons le climat et les habitudes générales d'hygiène, les affections vésicales devraient être plus nombreuses chez nous qu'en beaucoup d'endroits.—Les étrangers qui chaque année viennent aux plus beaux jours de l'été se retremper sur nos rivages admirent notre verdoyante contrée : cette succession ininterrompue de bois, de vallons, de ruisseaux, de plaines couvertes de moissons, de coteaux plantés de pommiers, de pâturages émaillés de troupeaux, en fait à leurs yeux une terre incomparable ; ils envient le sort fortuné

2*

de ses habitants. Sans doute ; et nous même savons apprécier et aimer notre pays ; mais nous le connaissons bien et notre amour ne nous ferme pas les yeux sur ses défauts. — Sur tous les points, en effet, le climat est humide, les pluies fréquentes ; toute la côte, depuis Honfleur jusqu'aux environs de Valognes, est découpée par de vastes marécages qui, bordant le cours des ruisseaux et des rivières, s'enfoncent quelquefois profondément dans l'intérieur des terres, et donnent naissance à des brouillards épais et fiévreux. — La plupart des maisons, dans les campagnes, n'ont qu'un rez-de-chaussée. Aucun souci des lois de l'hygiène, même pour les habitations plus confortables de la classe aisée, ne préside à leur emplacement, à leur orientation, à la distribution de l'air et de la lumière. — Beaucoup sont trop petites, basses, sombres et surtout humides, entassées souvent les unes contre les autres pour former des villages à voies étroites, tortueuses, fétides, obstruées de fumier. — Nul milieu ne semble plus propice au développement des affections catarrhales.

La plupart des habitants, sous prétexte de ne pas contracter soi-disant de mauvaises habitudes, ont une répugnance déraisonnable pour les vêtements de laine sur la peau, l'un des meilleurs préservatifs contre l'action morbide du froid et de l'humidité. — On n'arrive à les convaincre, que lorsqu'ils sont malades depuis longtemps déjà.

A ces causes d'inflammation des membranes muqueuses vient s'en joindre une autre qui agit plus spécialement sur la muqueuse de la vessie : — la fréquence des maladies des *organes génitaux*.

Ces affections qui, par simple continuité de tissu, se propagent si souvent jusqu'au réservoir urinaire sont très-communes. — Elles ne sont rien moins que rares à Caen. Nous jouissons même sous ce rapport d'une triste célébrité, exagérée, à mon avis. Vous savez, par les nombreux échantillons que Bayeux nous envoie de temps à autre, que nous n'avons rien à envier à cette cité voisine. Dans la plupart de nos villes, les sujets complétement épargnés forment l'exception, et j'ai plus d'une raison de penser que, depuis les nouvelles exigences du service militaire , nos campagnes elles-mêmes sont largement contaminées.

Ainsi considérée au point de vue des influences hygiéniques sous l'influence desquelles la pierre paraît principalement se développer , la Basse-Normandie se trouve donc dans des *conditions* tout à fait défavorables ; le *régime azoté*, auquel il faut rapporter les concrétions d'acide urique, y est plus généralement répandu que dans beaucoup d'autres provinces, et les causes diverses qui déterminent les *affections vésicales*, auxquelles nous attribuons les concrétions phosphatées, s'y rencontrent également plus intenses et plus nombreuses.

Quelle est donc la raison pour laquelle nous n'avons pas la pierre? Pourquoi est-elle si rare chez nous, quand elle est si fréquente en Bourgogne, pour en revenir à l'exemple que je vous citais au début de cette conférence? — En quoi donc un Bourguignon diffère-t-il d'un Bas-Normand? La différence, la voici : — L'un boit du vin, l'autre boit du *cidre :* — Tout est là.

Le *cidre*, voilà l'agent spécial, essentiel, qui, au point de vue hygiénique nous distingue profondément des autres pays; — et nous verrons dans notre prochaine réunion que le rôle puissant que nous lui reconnaissons relativement à la pierre se justifie pleinement par sa composition chimique et son action physiologique.

TROISIÈME LEÇON.

INFLUENCE DU CIDRE SUR LA SÉCRÉTION URINAIRE.

Propriétés lithotriptiques du cidre dues à sa composition chimique et à son action physiologique. —
Dépôts cristallisés dans les bouteilles de vin, n'exis-
tant point dans les bouteilles de cidre. — Composition chimique du cidre. — Période où il contient
de l'acide carbonique; période où il contient de
l'acide acétique. — Le travail d'absorption et de
nutrition transforme ces deux acides en carbonates
alcalins. — Propriétés des carbonates alcalins. —
Excitation des reins par le cidre. — Ses propriétés
diurétiques. — Pourquoi ces propriétés sont-elles
persistantes. — Expériences sur l'action diurétique
du cidre. — Quantité de liquide absorbée par les
buveurs de cidre. — Lavages répétés de la vessie.
— Influences de cette abondance de sécrétion sur
la formation de la pierre.

MESSIEURS,

En recherchant dans notre dernière confé-

rence quelle était la principale différence qui,
au point de vue des habitudes hygiéniques, dis-
tinguait notre Basse-Normandie des autres contrées, nous avons reconnu qu'elle consistait dans
le genre de boisson dont nous faisons usage : le
cidre. Et nous avons été tout naturellement
amenés à conclure que c'était très-vraisembla-
blement au cidre que nous étions redevables de
cette immunité relative et tout à fait exceptionnelle dont jouit la Basse-Normandie vis-à-vis
de cette grave maladie de vessie, appelée la
pierre. — Cette conclusion semble d'autant plus
naturelle, que rien ne me paraît devoir exercer
une influence plus directe sur la sécrétion urinaire et ses divers produits, que la boisson
même que l'on a l'habitude de faire entrer dans
le régime alimentaire.

S'il restait encore quelques doutes dans votre
esprit, j'espère les dissiper entièrement en étu-
diant la composition chimique du cidre ainsi que
ses propriétés physiologiques, et surtout en pla-

çant sous vos yeux des observations où la formation de concrétions urinaires a été enrayée par l'usage de la boisson fermentée dont nous nous occupons.

Mais avant de pénétrer intimement dans cette étude, où je serai obligé de faire appel à vos connaissances en chimie, en physiologie, en thérapeutique, signalons d'abord un fait vulgaire, d'observation journalière, et qui, sans avoir la valeur qu'on serait tenté de lui accorder, à première vue, nous paraît pourtant mériter quelque attention : — c'est la manière toute différente dont se comportent le cidre et le vin mis *en bouteille*.

La plupart des vins, en vieillissant, laissent déposer sur les parois du vase qui les contient une couche cristallisée, plus ou moins épaisse, fortement adhérente, que des lavages répétés parviennent à peine à enlever. Le vin perd donc, avec le temps, la propriété de tenir en dissolution certains produits, certains sels qui entrent dans sa composition. — Prenez, au contraire, une bouteille de cidre, même vieille, de huit ou dix ans (nous verrons qu'on peut en boire d'excellent au-delà de cet âge); loin d'avoir perdu de sa transpareuce, il sera souvent plus limpide ; aucune incrustation ne se sera produite sur les parois, et s'il existe quelque dépôt au fond, ce ne sera qu'une couche mucilagineuse venant de ce qu'on n'aura pas pris suffisamment soin de le clarifier avant de le mettre en bouteille; en un mot, il conserve la propriété de maintenir indéfiniment dissous les principes salins et autres qu'il renferme.

Nous ne voulons point, je le répète, attacher à cette particularité une signification trop grande ; mais il est au moins rationnel d'admettre que deux liquides, dont les phénomènes ultimes de fermentation sont si opposés, doivent provoquer dans les reins qu'ils traversent des phénomènes qui ne sont pas non plus absolument identiques.

Du reste, une analyse moins grossière peut rendre compte de l'action dissolvante du cidre. Il faut bien le dire toutefois, à notre connaissance, du moins, une analyse chimique très-complète n'a jamais été faite. — Nous trouvons dans plusieurs mémoires, dont quelques-uns sont dus à des chimistes des plus compétents et des plus consciencieux, des recherches très-étendues et très-minutieuses ; mais ces recherches ne portent que sur le jus de la pomme avant sa fermentation, tel qu'il sort du pressoir (1).

(1) Voici une analyse des plus complètes du jus de la pomme :

Eau.	800
Sucre alcoolisable	173
Acide tannique	5
Mucilage ou pectosine (pectine soluble, gomme).	12
Acides libres (malique, tartrique, etc.). . . .	1,07
Matières salines, chaux, malates de potasse et de chaux, phosphate de chaux.	1,75
Acide pectique, matière colorante, huiles grasses et volatiles, substances non solubles en suspension.	2,18

— Or, ce n'est pas là, à proprement parler, le cidre. — Jamais on ne le boit dans ces conditions. — Des réactions chimiques extrêmement importantes se passent au sein de ce liquide avant que, absorbé comme boisson alimentaire, ses éléments soient mis en rapport avec l'appareil de la sécrétion urinaire.

Au point de vue de sa composition chimique, je crois qu'il est rationnel d'examiner le cidre dans deux périodes bien distinctes : celle' où il contient de l'*acide carbonique ;* celle où cet acide est remplacé par l'*acide acétique.*

Ces deux acides, dont la proportion est généralement considérable, me paraissent devoir jouer l'un et l'autre un rôle important dans les propriétés lithotriptiques du cidre.

Pendant toute la durée de la fermentation, qui souvent persiste longtemps, l'acide carbonique se trouve dissous dans le cidre en quantité notable. C'est lui que l'on voit s'échapper, en bulles plus ou moins nombreuses, du cidre qui pétille; c'est lui qui forme autour du vase une mousse blanche et fine, ce *chapelet*, fort apprécié des amateurs; c'est lui qui reste emprisonné dans les bouteilles bien bouchées, et qu'il fait trop souvent éclater, quand on ne prend pas les précautions si simples que je vous indiquerai plus tard.

Mais, lorsque la fermentation est complètement achevée, sous l'influence du contact de l'air et de la présence de matières organiques, qui déterminent des réactions chimiques inutiles à décrire ici, l'acide carbonique disparaît d'une manière à peu près complète, et est remplacé par l'acide acétique.

Cet acide, avec la négligence que l'on apporte dans la conservation du cidre, se forme même souvent en quantité telle (surtout vers la fin de l'été, lorsque le vaisseau est depuis longtemps en vidange), qu'il rend la boisson désagréable et

3

d'une digestion difficile pour les estomacs qui n'y sont pas habitués.

Quel est, au point de vue qui nous occupe, le rôle de ces deux acides qui, je le répète, caractérisent les deux phases que traverse le cidre ? que deviennent-ils après avoir subi l'élaboration régulière qui les fait pénétrer dans l'intimité de la trame organique ? Comment leur présence dans le cidre peut-elle modifier la prédisposition aux concrétions urinaires ?

La chimie nous apprend que les acides végétaux, dont l'acide acétique est un des plus importants, sont modifiés par le travail de la digestion, décomposés dans leur passage à travers l'organisme. Ils se trouvent en dernière analyse transformés en *acide carbonique* que nous trouvons déjà dans le première période et qui se combine dans l'économie avec diverses bases, comme la chaux, la soude, la potasse, la magnésie, pour former des *carbonates alcalins*.

Il en résulte donc que, quelle que soit la période à laquelle on fasse usage du cidre, on absorbe, soit l'acide carbonique tout formé, soit les éléments nécessaires à sa formation, et que les combinaisons ultimes auxquelles cet acide prend part dans l'organisme sont des carbonates alcalins dont la proportion doit varier en raison même des acides absorbés.

La formation de ces carbonates alcalins au sein de nos tissus, par suite de l'absorption des acides contenus dans le cidre, a une certaine importance qui ne saurait vous échapper. — Vous savez, en effet, que c'est à la présence de ces sels, en quantité plus ou moins grande, que les eaux si justement renommées de Contrexeville, de Vichy, de Vals, etc., empruntent leurs vertus lithotriptiques qui les font rechercher par les calculeux du monde entier.

En même temps que se forment ces combinaisons chimiques, sur la valeur desquelles j'appelle toute votre attention, l'appareil urinaire devient, sous l'influence du cidre, le siége d'un phénomène physiologique qui a une influence de premier ordre, et qui est probablement, au moins en partie, la conséquence même de ces réactions chimiques. Je veux parler de l'excitation produite sur les glandes rénales, excitation qui se traduit par une *abondante sécrétion d'urine*, comparable à celle que déterminent les médicaments les plus actifs dont dispose la thérapeutique dans ce genre.

Les propriétés *diurétiques* du cidre me paraissent avoir été à peu près complètement négligées jusqu'ici. — Les ouvrages modernes n'en tirent aucune indication pratique. Mais cette remarquable propriété avait pourtant été indiquée, il y a trois cents ans, par un médecin caennais, Paulmier, qui a écrit au XVI⁰ siècle sur le cidre, un livre célèbre et devenu rare, ouvrage dont j'invoquerai plus d'une fois le témoignage devant vous et dans lequel on lit ce qui suit :

« Les sidres sont si faciles à digérer, de si « prompte distribution et si apéritifs pour la » plupart, qu'ils méritent d'estre nombrez entre « les remèdes dieurétiques, qui purgent et mun- « difient les reins, et provoquent l'urine. »

Cette réflexion de la part de l'auteur que nous venons de citer a une valeur d'autant plus grande, qu'il ne la fait à l'appui d'aucune théorie ou pour en tirer aucune conséquence.

Elle n'avait point, du reste, échappé à l'observation populaire. — N'est-ce point, en effet, à la propriété excitante de cette boisson, que doit se rapporter ce vieil adage, bien connu de vous tous :

> Jamais Normand, en Normandie
> N'a p.... seul, en compagnie.

L'action uro-poïétique du cidre est d'ailleurs tellement évidente, que le moindre examen suffit pour s'en convaincre , et que plus d'un parmi vous, pour ne pas dire tous, en a pu faire l'expérience personnelle.

C'est assez, en effet, de remplacer pour quelques jours, dans le régime, le vin par le cidre , pour déterminer une différence sensible en plus dans la quantité des urines excrétées ; — et non-seulement la quantité est augmentée, mais la qualité est modifiée ; elles sont plus claires et plus limpides , conséquence inévitable de leur plus grande abondance. — Si elles contenaient quelques poussières uriques avec le vin , si elles tachaient le vase , si elles laissaient déposer une poussière briquetée , ces dépôts, dissous dans une plus grande quantité de véhicule, disparaissent avec le régime du cidre , exactement comme sous l'influence directe d'un réactif chimique.

Cette sécrétion plus abondante du rein n'a rien qui doive nous surprendre : les acides

carbonique et acétique du cidre se transfor-
ment, vous disais-je tout à l'heure, en carbonates alcalins que la thérapeutique emprunte
tous les jours à la matière médicale dans le but
d'exciter la sécrétion rénale. Il est dès lors tout
naturel que ces sels diurétiques, quand ils pro-
viennent de la composition chimique de la boisson alimentaire, aient la même action que
lorsque nous les faisons absorber comme médicaments préalablement dissous dans l'eau. — Mais
il est hors de doute que l'acide *malique* joue dans
cette excitation du rein le rôle le plus actif:
nous croyons l'avoir démontré par des expériences directes dont je vais vous entretenir
bientôt. — Pour le moment, je veux me borner
à bien constater le fait sans insister outre mesure
sur des combinaisons et réactions chimiques,
qui d'ailleurs ne sauraient tout expliquer.

Ce fait de la persistance de l'excitation des
reins chez les buveurs de cidre peut soulever

quelques objections : elle est même, si l'on veut, en contradiction apparente avec les données de la science. On sait, en effet, que l'action physiologique des diurétiques les moins contestés, comme celle de la plupart des substances médicales, du reste, finit par s'épuiser avec le temps, par un usage prolongé. Les organes s'habituent peu à peu à cette excitation ; leur impressionnabilité, sans cesse mise en jeu par le même agent, s'émousse, et le médicament le plus actif devient par l'usage longtemps continué une substance à peu près inerte : tels l'*opium* et tant d'autres médicaments non moins connus. — Pourquoi donc devant le cidre, également après un laps de temps plus ou moins considérable, les reins ne recouvreraient-ils pas une complète impassibilité ? Pourquoi ce liquide conserve-t-il indéfiniment la propriété d'exciter la sécrétion urinaire ?

L'expérience de chaque jour prouve qu'il en est ainsi ; le cidre échappe à la loi géné-

rale : son action diurétique ne s'use pas,
elle est permanente. Ce fait bien constaté
nous suffirait.—Disons, toutefois, que cette exception à la loi commune qui régit l'action des
diverses substances médicamenteuses est peut-être
plus apparente que réelle. —Il n'y a pas en effet
de boisson dont le goût, dont la qualité, dont la
force alcoolique, dont la composition, en un
mot, soit moins fixe que celle du cidre. Celui-ci
varie, non-seulement d'un pays à l'autre, mais
d'une commune à la commune voisine ; mais,
dans le même village, d'une maison à une autre ;
que dis-je ! dans le même cellier, un tonneau
ne ressemble pas à un autre tonneau (nous en
dirons plus tard les raisons). De sorte que l'on
peut affirmer que, règle générale, nous ne
buvons jamais exactement le même cidre pendant longtemps. — Le diurétique dont nous
usons est toujours du même genre, il est vrai,
mais ses espèces varient à l'infini ; de là sa
continuité et sa fixité d'action.

Cette persistance est donc conforme à ce que nous observons tous les jours dans la médication diurétique que nous mettons en usage. Vous savez, en effet, que pour entretenir la sécrétion des urines à un certain degré d'activité, il suffit de remplacer indéfiniment une substance diurétique par une autre qui ne diffère souvent de la précédente que par des nuances à peine appréciables.

Cette action du cidre sur la glande rénale m'a paru assez importante pour justifier les recherches expérimentales auxquelles vous avez assisté, et par lesquelles nous avons essayé de déterminer, d'une manière précise, dans quelle proportion variait la quantité d'urine sécrétée par un homme, suivant qu'il était soumis au régime du cidre ou au régime du vin, la quantité de boisson absorbée restant la même.

Le premier sujet soumis à l'observation fut,

vous vous le rappelez, un gendarme couché au n° 3 de la salle St-Ferdinand, pour une fracture de jambe. — Cet homme buvait un demi-litre de cidre, matin et soir, au repas; le cidre, complètement fermenté et déjà légèrement acide, était coupé d'eau par moitié environ. — Pendant dix jours, du 2 au 12 mai, on mesure la quantité d'urine excrétée de trois heures de l'après-midi à huit heures du matin. — La moyenne pendant ces dix jours est de

1 litre 7 décilitres

par jour. — Elles sont claires, limpides, sans aucun dépôt.

Après ces dix jours de régime du cidre, nous prescrivons un demi-litre d'eau rougie à chaque repas; l'eau, dans la proportion des deux tiers sur un tiers du vin ordinaire de l'hôpital. — La quantité de liquide absorbé est donc la même. Nous faisons surveiller le malade, qui d'ailleurs nous inspire toute confiance. — Pendant une période égale de dix jours, du 12 au 22 mai, nous observons chaque jour, de trois heures de l'après-midi à huit heures du matin, une moyenne de

1 litre 3 décilitres,

au lieu de

1 litre 7 décilitres,

soit une différence en moins de *quatre* décilitres ! presque le quart. — En même temps les urines étaient plus foncées en couleur, plus *chargées*.

Un autre malade de la même salle, le n° 2, atteint d'une fracture de l'extrémité inférieure du radius, âgé de 30 ans, bien portant, d'une bonne constitution, est soumis aux mêmes expériences, mais avec cette différence qu'il boit à discrétion à ses deux repas, pendant les deux périodes de dix jours, — dans l'une, l'eau rougie, dans l'autre le cidre.

La moyenne d'urine excrétée pendant les dix jours du régime d'eau rougie, de trois heures de l'après-midi à huit heures du matin, est de

0, 7 décilitres.

Mis immédiatement au cidre dans les dix jours qui suivent, la moyenne de l'urine mesurée chaque jour monte à

1 litre 3 décilitres.

Ici l'écart est plus considérable; il est de 6 décilitres, presque de moitié. — Aussi, pendant le régime du vin, les urines, non-seulement sont plus colorées, mais elles laissent sur les parois du vase un léger dépôt rouge brique.

Dans les cinq jours qui succèdent à cette double expérience, le malade boit à la fois de l'eau rougie et du cidre à chaque repas, par parties égales environ. Ce régime mixte nous donne une moyenne de

1 litre 03 centilitres,

presque 3 décilitres de moins que l'usage exclusif du cidre (1).

---

(1) M. Laroque, de Balleroy, ancien préparateur de chimie, connu pour ses savantes analyses, m'a adressé par l'intermédiaire d'un de nos anciens internes, M. Gassion, trois acides qu'il a retirés de l'analyse de vieux cidre : l'acide *butirique*, l'acide *propionique* et l'acide *malique*.

J'ai recherché quelle pourrait être la part de ces acides dans l'action diurétique du cidre.

Les acides *butirique* et *propionique*, qui n'ont jamais été l'objet d'expériences faites à ce point de vue, je pense, ont une saveur nauséabonde des plus désagréables; M. Boussin, interne en pharmacie dans mon service, est parvenu à les rendre acceptables en préparant une potion de 2 grammes d'acide avec 100 grammes de sirop de sucre, de la poudre de charbon et quelques gouttes d'essence de menthe.

Un homme de 35 ans, atteint d'une fracture de jambe, est mis à l'usage de l'eau rougie. — Pendant quatre jours, on mesure l'urine rendue depuis trois heures de l'après-midi à huit heures du matin. La quantité varie de 9 décilitres à 1 litre. — Il prend une potion de 2 grammes d'acide

Vous le voyez, Messieurs, il ne s'agit plus ici de vues théoriques, ou d'assertions vagues.

butirique, pendant deux jours ; la quantité d'urine n'est pas augmentée.

Après un repos de deux jours on lui administre également pendant deux jours l'acide *propionique* à raison de 2 grammes. — Les urines ne sont pas non plus modifiées.

Ces deux acides sont donc sans action sur la sécrétion urinaire.

L'acide *malique* a une tout autre influence.

Nous laissons en effet reposer le malade quatre jours, pendant lesquels l'urine sécrétée de trois heures de l'après-midi à huit heures du matin est toujours d'un litre en moyenne. — Il prend ensuite une potion de 2 grammes d'acide *malique* pendant cinq jours. — Voici le résultat des observations :

26 mai —	1 litre 8 décilitres.
27 —	1 id. 7 id.
28 —	1 id. 8 id.
29 —	1 id. 9 id.
30 —	1 id. 8 id.

au lieu de 1 litre qui est la moyenne des jours où il ne prend pas la potion ; — c'est-à-dire augmentation de presque moitié !

Il semblerait donc résulter de ces expériences que l'acide *malique* est, des divers acides que peut renfermer le cidre, celui dont l'action diurétique est de beaucoup la plus puissante.

Les considérations auxquelles nous nous sommes livré au point de vue chimique et physiologique, sont pleinement confirmées par l'expérience, et le cidre est évidemment un profond modificateur de la sécrétion urinaire : sous son influence, celle-ci devient plus abondante, les urines deviennent plus claires, plus aqueuses, conditions assurément défavorables aux sédiments calculeux.

A cette action incontestable du cidre sur la glande rénale vient s'ajouter une circonstance de régime toute spéciale, dont les conséquences doivent entrer en ligne de compte dans l'explication que nous nous efforçons de trouver aux vertus lithotriptiques du cidre.

Comparez, en effet, la quantité de liquide absorbée, dans un repas, par un homme d'un pays à cidre à celle qui est absorbée, dans le même repas, par un homme d'un pays à vin : vous serez frappés de la différence. — L'homme au *vin* en boit un verre, deux verres tout au plus, — l'homme au *cidre,* le Bas-Normand, en absorbe en moyenne un litre ; et combien, même parmi vous, qu'aucun exercice violent, aucun travail musculaire ne soumet pourtant à une déperdition organique notable, se contentent de cette ration !

Or, comme, toutes choses égales d'ailleurs, la quantité d'urine expulsée est en raison directe de la quantité de boisson absorbée, voyez combien doivent différer les conditions dans lesquelles se trouvent les organes de la sécrétion urinaire considérée chez un buveur de cidre et chez un buveur de vin, — chez un Bas-Normand et chez un Bourguignon, — l'un buvant beaucoup, l'autre très-peu.

Chez nous, non-seulement à raison de la propriété diurétique de la boisson dont nous usons, mais encore en raison même de la quantité que nous avons l'habitude d'absorber, les réservoirs naturels, la vessie surtout, sont sans cesse imprégnés, remplis, parcourus par un liquide abondant ; ils subissent une espèce de *lavage* qui, même en ne le considérant qu'au point de vue purement physique, ne saurait être indifférent quand il s'agit d'affection vésicale et surtout de *concrétions urinaires*.

Je n'insiste pas davantage. — Ces faits bien établis, il vous devient facile de comprendre pourquoi la pierre n'est pas plus fréquente en Basse-Normandie.

Bientôt j'espère vous démontrer, par des observations prises directement au lit des malades, que le cidre n'a pas seulement un rôle prophylactique, mais qu'il possède une action curative réelle, qu'il peut *dissoudre* certaines concrétions uriques et guérir les gravelles.

QUATRIÈME LEÇON.

ACTION DISSOLVANTE DU CIDRE SUR LES CONCRÉTIONS
URINAIRES. — OBSERVATIONS.

SOMMAIRE. — Propriétés lithotriptiques du cidre,
conséquence de son action sur les reins. — Faits
cliniques. — Choix des observations ; conditions
qu'elles doivent remplir. — Conclusion.

MESSIEURS,

L'étude de l'action physiologique du cidre
sur la sécrétion urinaire nous a permis d'expliquer pourquoi la pierre se forme rarement
dans la vessie de ceux qui en font leur
boisson habituelle ; mais vous avez dû en même
temps pressentir que ces modifications que le
cidre fait subir à l'urine, tant au point de vue de

la qualité que de la quantité, pouvaient devenir
entre les mains du médecin une ressource précieuse dans certains cas pathologiques. — Jusqu'ici
nous n'avons reconnu à ce liquide qu'une vertu
préservatrice, prophylactique, c'est-à-dire un
rôle en quelque sorte passif ; là ne se borne pas
son influence, et les expériences dont vous avez
été témoins, quand il s'est agi de constater simplement ses propriétés diurétiques, vous ont
également révélé qu'il devait avoir une action
réellement dissolvante sur les concrétions déjà
formées. — Rappelez-vous ces urines qui étaient
troubles et laissaient déposer de la poussière
urique sur les parois du vase, chez cet homme de
la salle St-Ferdinand, alors qu'il buvait du vin,
et qui devenaient claires, transparentes, ac-
queuses, chez le même individu, lorsqu'il était
soumis au régime du cidre. — C'est qu'en effet,
Messieurs, l'observation clinique démontre que
les concrétions rénales d'un certain volume peuvent être dissoutes par l'usage de ce liquide et

qu'il peut agir favorablement sur la diathèse urique dont la *gravelle* est trop souvent l'expression.

A l'hôpital, dans le service chirurgical, ces observations cliniques font défaut ; les malades atteints de gravelle seraient, il est vrai, placés dans le service de médecine : mais pendant les cinq années que je me suis plus spécialement occupé de ce service comme *chef de clinique*, je n'en ai pas constaté un seul cas, et mon honoré collègue, M. Maheut, depuis huit ans qu'il en a la direction, n'en a pas observé davantage.

Les cas dont je peux vous présenter l'histoire seront donc en nombre relativement restreint, et je le diminuerai encore, par le choix que je crois devoir m'imposer. Je veux écarter, en effet, tous les faits douteux, tous ceux dans lesquels l'amélioration ou la guérison a été obtenue alors qu'un médicament quelconque venait ajouter son influence à celle du cidre. — Pour être absolument concluantes, les obser-

vations doivent présenter cette condition néces-
sairement rare ; — ou que le malade n'ait mis
en usage aucun autre moyen thérapeutique ; —
ou bien (ce qui serait encore plus probant),
qu'après l'essai infructueux des diverses médications ordinairement employées, l'usage exclusif
du cidre ait amené le succès.

J'ajouterai que l'attention des médecins n'ayant
guère été appelée de ce côté, je n'ai trouvé
aucune observation, soit dans les ouvrages classiques, soit dans les recueils périodiques. A part
une seule observation dans laquelle un de mes
honorés confrères se trouve en cause et qu'il a
bien voulu me communiquer, tous les faits me
sont purement personnels ; ils ont été directement observés par moi ; aucun détail important
ne m'a donc échappé.

Obs. I. — M. D..., inspecteur général de la
navigation, âgé de 65 ans, n'a aucun antécédent
héréditaire au point de vue des affections calcu-

leuses ou goutteuses. Né en Bulgarie, il est venu habiter la Bourgogne, aux environs de Joigny, dès son enfance. D'une très-forte constitution, d'un tempérament nervo-sanguin, ses habitudes littéraires ne lui ont jamais fait perdre de vue le besoin d'exercice auquel l'obligeaient d'ailleurs ses fonctions une grande partie de l'année. — D'une vie sobre et régulière, buvant le vin du pays, sa santé a toujours été excellente jusqu'à l'âge de 45 ans. — A cet âge, il fut atteint de douleurs violentes dans les reins, de coliques qui furent considérées comme néphrétiques, de ténesme vésical, avec urines chargées de sable et de graviers uriques. Cette première atteinte le retint au lit environ six semaines, pendant lesquelles la médication alcaline fut mise en usage et continuée d'une manière assez suivie. Cependant, chaque année, vers la même époque, au mois d'avril, les douleurs revenaient non toujours aussi intenses, mais affectant une durée presque toujours égale.

Au bout de quelques années, les douleurs de reins devinrent à peu près permanentes. Le malade se décida à faire une saison à Vichy. — L'amélioration ne fut pas de longue durée ; la crise annuelle n'avait pû être évitée ; les urines continuaient à charrier de la poussière urique, les douleurs persistaient. La médication alcaline, le bicarbonate de soude, l'eau de Vichy, de Contrexeville, avaient perdu presque toute efficacité.

M. D..., qui depuis de longues années avait passé la plupart des étés en Normandie, sur le bord de la mer, désespéré de voir toute médication à peu près inutile, avait fini par réduire son traitement à quelques bains d'eau de mer pris de temps à autre avec addition de bicarbonate de soude.

Il me consulta en août 1868, il y a 13 ans ; il avait à peu près essayé de tous les médicaments que je lui proposais. — En désespoir de cause, je lui fis part de la remarque que je faisais depuis quelques années sur le peu de fréquence des concrétions urinaires dans notre pays et du rôle que je croyais devoir attribuer à la boisson usuelle. Immédiatement il renonça au vin dont il avait bu jusqu'alors et se borna pour tout traitement à l'usage exclusif du cidre. Ce fut le seul changement apporté à son régime.

Avant son départ pour la Bourgogne, qui eut lieu à la fin d'octobre, les douleurs lombaires avaient diminué, les urines, depuis la fin de septembre ne laissaient plus qu'un léger dépôt briqueté et étaient devenues claires ; bref, l'amélioration était assez prononcée pour que M. D.... se décidât à faire une provision de cidre pour la Bourgogne où il en continua régulièrement l'usage. Le printemps, cette année là, se passa sans crise.

Aux vacances suivantes, en 1869, M. D.... se considérait déjà comme complètement guéri. Par prudence, toutefois, le régime du cidre a été

3*

fidèlement observé, et depuis 1869, c'est-à-dire pendant une période de douze ans, aucune crise n'a été ressentie ; les douleurs de reins et de vessie ont entièrement disparu, et les urines sont restées normales.

C'est surtout à partir de cette époque que je me suis intéressé à l'étude des propriétés médicales et hygiéniques du cidre.

Obs. II.—Le duc de X..., 45 ans, d'une bonne constitution, d'un tempérament nervo-sanguin, comme boisson habituelle ne fait usage que d'eau rougie. — Depuis une dizaine d'années et plus, à une vie extrêmement active ont succédé des habitudes sédentaires imposées par un travail assidu de cabinet. La santé générale a subi quelques altérations ; les reins sont devenus le siége de douleurs vagues, sujettes de temps à autre à des exacerbations assez vives ; les douleurs s'irradient souvent du côté du ventre ; des concrétions uriques tachent les parois du vase ;

des graviers uriques, dont un assez volumineux, ont été rendus, sans que la santé soit profondément altérée ; mais il existe un malaise général qui retentit sur toutes les fonctions et rend tout genre de travail pénible et quelquefois impossible.

Le duc de X... qui fait de longs séjours à Paris, est soumis aux médications alcalines : eaux de Vichy, Vals , etc., bains alcalins, purgatifs salins, diminution du régime azoté, etc., etc. —Après quelques améliorations de courte durée, l'état reste toujours le même. — Je suis consulté en août 1879. — Pour tout traitement, en présence des insuccès constatés, je prescris l'usage exclusif du cidre. Un mieux sensible s'établit presque aussitôt ; dès la fin de septembre , la santé générale est meilleure, les malaises ont disparu, le travail est facile. — Le cidre est continué sans interruption.

Au mois de juillet 1880, un voyage à l'étranger nécessite l'usage du vin pendant une vingtaine

de jours ; — les douleurs lombaires et abdomi-
nales reviennent avec le malaise.

Au retour en Basse-Normandie, le cidre est
repris, les douleurs disparaissent, le mieux revient,
et le duc de X... n'a vu reparaître, ainsi que je
puis le constater de temps à autre, aucun accident
du côté de l'appareil urinaire.

Obs. III.—M. J. L***, professeur de chant et
auteur d'un traité remarquable sur la formation et
l'émission des sons, habite Paris. —Agé de 56 ans,
d'un tempérament nerveux, jouissant d'ailleurs
d'une bonne santé, il éprouve depuis de longues
années des troubles du côté des reins et de la
vessie ; au moindre écart de régime, les douleurs augmentent, et, sans souffrir de coliques
néphrétiques bien caractérisées, la miction est
difficile et douloureuse, le dépôt rouge briqueté
qui se forme en tout temps au fond du vase
augmente notablement, et M. L*** éprouve tous
les symptômes d'un catarrhe vésical. En même

temps la santé générale s'altère , le sommeil devient difficile et agité, l'appétit se perd , etc.

M. L*** a consulté plusieurs médecins qui ont été unanimes à lui conseiller une médication alcaline et balzamique suivie : saison à Vichy, bicarbonate de soude, bains alcalins, goudron sous toutes les formes.

Mais cette médication , bien qu'observée avec la plus grande régularité, ne produit qu'une amélioration relative sans jamais enlever complètement les douleurs.

M. L***, dont la famille habite une des plages de la Basse-Normandie, y vient chaque année passer quelques semaines pendant lesquelles il boit exclusivement *du cidre*, et voici ce que j'ai chaque fois constaté : les douleurs de reins s'effacent rapidement, la miction devient facile et abondante, le dépôt briqueté disparaît, les urines cessent d'être catarrhales ; l'appétit et le sommeil reviennent, et pendant tout son séjour sa santé ne laisse rien à désirer.

A Paris, la cessation de l'usage *du cidre* ramène les mêmes accidents en dépit des alcalins et des balzamiques.

L'observation suivante n'a pas moins de valeur.

Obs. IV.—M. L..., chef d'usine, à Vire, tempérament sanguin, forte constitution, d'une bonne santé habituelle, eut à l'âge de trente ans une colique néphrétique. — L'eau de Vichy, les bains alcalins furent mis en usage. Quatre ans se passèrent sans nouvelle crise; toutefois, à plusieurs reprises, des graviers, du sable, avaient été observés dans les urines et la vessie avait été le siége de sensations de pesanteur et de douleurs vagues. — A 34 ans, nouvelles coliques qui déterminèrent le malade à passer une saison à Contrexeville ; depuis cette saison d'eaux, les crises violentes n'ont jamais reparu. Mais M. L... souffrait constamment de douleurs dans les reins, dans la vessie; les urines renfermaient souvent du sable, et le fond du vase était à peu près constamment recouvert d'un enduit rouge briqueté et glaireux malgré l'emploi assez régulier des boissons alcalines.

En 1871, c'est-à-dire à l'âge de 60 ans, 30 ans après les premiers accidents, M. L... cessa de boire l'eau rougie, dont il avait fait toute sa vie sa boisson habituelle, et but du cidre à tous ses repas. — En quelques mois une transformation complète se manifesta dans son état; les accidents du côté du bas-ventre et des reins disparurent. Non-seulement aucune colique néphrétique n'est survenue depuis, mais les urines ont perdu leur caractère catharral; elles sont devenues limpides, sans dépôt. — Aujourd'hui M. L..., qui s'est retiré des affaires et habite une charmante campagne aux environs de Vire, fait lui-même le cidre qu'il boit et jouit d'une excellente santé.

Je terminerai cette série d'observations par la remarquable communication que m'adresse mon honoré confrère de Vimoutiers, le docteur L...

Obs. V. — « Je viens de lire vos trois intéressantes leçons sur *Le Cidre* et *la Maladie de la Pierre* en Basse-Normandie.

« Depuis trente-cinq ans que j'exerce la médecine à Vimoutiers, j'ai eu bien des fois l'occasion de m'entretenir de cette question avec mes confrères et un certain nombre de mes clients. Trois fois seulement, à ma connaissance, l'existence de la *pierre* avait été constatée dans le pays, et *ces trois cas s'étaient présentés chez des sujets qui faisaient du vin leur boisson habituelle.* Aussi, il me paraissait évident que la maladie de la pierre, relativement si commune dans les pays vignobles, n'était rare chez nous que grâce à l'usage du cidre, boisson habituelle et presque exclusive des habitants de notre contrée. Plusieurs fois j'ai eu l'occasion de reconnaître que l'usage du cidre devait être un prophylactique de la gravelle et conséquemment des calculs urinaires.

« Je vois avec plaisir que vous vous êtes très-sérieusement occupé de ce sujet très-important aussi bien au point de vue de l'hygiène que des intérêts agricoles de notre pays, et j'espère que, par une foule de documents incontestables, vous allez réhabiliter le cidre dans l'opinion publique.

« Permettez-moi, mon cher confrère, d'apporter à la démonstration de cette thèse, une observation personnelle dont vous apprécierez, je crois, l'importance. — Tributaire de la *goutte* depuis l'âge de 45 ans, j'ai jusqu'à 62 ans quelquefois constaté de légers dépôts uriques dans mes urines après un repas de société où je buvais du *vin*, alors que ma boisson ordinaire était le cidre. — A l'âge de 62 ans j'éprouvai des crises de cardialgie atroce qui se renouvelèrent surtout quand ma digestion était pénible. Ces crises avaient tous les caractères de l'angine de poitrine et je les redoutais au point que je n'osais satisfaire la moitié de ma faim. J'avais cru remarquer que le cidre me réussissait mal ; j'avais au contraire constaté que le *vin pur*, pris en petite quantité et comme boisson exclusive, favorisait ma digestion. Pendant plus d'un an je n'observai rien de particulier dans mes urines, sauf, de temps en temps, quelques petits graviers uriques qui disparaissaient par l'usage de quelques verres d'eau de Vichy.

« Mais, il y a dix-huit mois environ, je rendis en urinant un petit calcul du volume et de la forme d'une très-grosse lentille. Pendant près d'un an, rien de bien particulier du côté de la vessie, bien que je continuasse à boire exclusivement du vin presque pur, en petite quantité comme je le disais plus haut. — Au commencement de l'hiver dernier, 1880, je commençai à éprouver des besoins fréquents d'uriner et des douleurs assez vives à la suite de la miction ; — vers le mois de janvier , j'urinai du sang après avoir fait à cheval une demi-lieue environ. Un mois après, du sang reparut dans mes urines et mes étreintes vésicales ne faisant qu'augmenter, je me fis sonder. Le cathéter ne rencontrant aucun calcul, je me supposai atteint d'une affection de la prostate. Cependant, comme je souffrais de plus en plus, je me décidai à me faire explorer la vessie de nouveau ; la présence d'une *pierre* fut constatée ; je subis l'opération de la lithotritie.

« Après l'opération qu'on dut renouveler deux fois, je partis pour Contrexeville dont les eaux exercèrent sur ma santé une heureuse influence. —Elles provoquent, vous le savez, une sécrétion urinaire très-abondante, et, sous ce rapport, leur effet peut être comparé à celui du cidre.

« A mon retour, je repris l'usage de cette boisson autant par goût que par la conviction qu'elle pouvait m'être utile. — Je souffris néanmoins de la vessie quelque temps après, et je crus à la présence d'un nouveau calcul. Je me rendis à Paris, près du docteur Guyon qui, malgré l'examen le plus minutieux, ne trouva rien et reconnut que ces douleurs n'étaient que le résultat de l'irritation produite par les opérations antérieures.

« Ainsi, chez un buveur de cidre qui remplace cette boisson par du *vin pur,* on voit *deux ans après* se former des calculs, lesquels, une fois broyés et enlevés, ne se reproduisent plus chez le même malade revenu à l'usage du cidre. — Il est difficile de ne pas reconnaître ici une relation de cause à effet, et je crois qu'il n'est guère possible, dans mon cas particulier, de nier l'influence opposée que l'usage du vin et celui du cidre exercent sur la production des calculs.

« Je suis peut-être entré dans des détails inutiles.......

« Agréez, etc.

« Dr L....... »

Vimoutiers, le 8 mars 1882.

Les cinq observations que j'ai voulu vous présenter avec quelques détails, et auxquelles mes notes me permettraient d'en ajouter beaucoup d'autres (1), offrent entre elles la plus grande

(1) Entre autres faits signalés dans une lettre que m'adresse M. le Dr Lhomond, de St-Lo, je relève le suivant :
— Une de ses clientes, Mlle X....., âgée de 60 ans, demeure dix mois de l'année à Paris, où elle boit de l'eau rougie ; elle est sujette à des crises violentes de gravelle. Elle habite St-Lo pendant deux mois ; là, elle boit du cidre et les crises deviennent bien moins violentes, bien moins douloureuses.

Mme G....., également de Paris, souffre de la vessie depuis une quinzaine d'années : la médication alcaline ne lui apporte que peu ou pas de soulagement. Malgré l'usage fréquent des eaux conseillées en pareil cas, les urines charrient de la poussière urique ; elles sont catarrhales ; des sensations de pesanteurs, une espèce de ténesme rendent les mictions fréquentes.

En 1879, Mme G..... passe plusieurs mois au château du Perron, près Aulnay-sur-Odon, où j'ai l'occasion de lui recommander le cidre. L'amélioration fut tellement prononcée, que Mme G..... abandonna toute autre médication.
— Aujourd'hui, elle ne boit plus autre chose, même à Paris où elle a converti à notre boisson normande plusieurs familles amies.

Le docteur Le B..., de Gouvix, pendant le cours de ses

4

analogie et peuvent se résumer brièvement de la manière suivante :

Formation des concrétions urinaires avec accidents locaux et généraux chez des sujets ayant comme boisson habituelle le vin ;

Modifications éphémères et peu prononcées sous l'influence des diverses médications alcalines ordinairement employées ;

Amélioration notable ou guérison définitive obtenue en remplaçant simplement le vin par le cidre.

Ces quelques mots peuvent servir de conclusion à notre conférence, Messieurs, et je

études médicales à Paris, et surtout pendant son séjour comme interne à l'hôpital de Versailles, a souffert presque constamment de la gravelle. Chaque matin les urines renfermaient souvent une cuillerée à café de poussière *urique* ; il buvait du vin.—Depuis son retour en Normandie (1858) où sa boisson ordinaire est le cidre, tout accident de ce genre a complètement disparu.

craindrais d'en altérer l'incontestable netteté par des commentaires d'ailleurs inutiles.

La chimie et la physiologie nous avaient rendu compte des vertus *prophylactiques* du cidre ; l'observation clinique nous révèle son action *thérapeutique*.

IIe PARTIE.

PROPRIÉTÉS HYGIÉNIQUES.

——

CINQUIÈME LEÇON.

LE CIDRE AVANT L'ÉPOQUE MODERNE.

Sommaire. — Vignobles considérables en Basse-Normandie à l'époque du moyen âge. — Coteaux d'Argences, vallée de l'Orne, dans le Calvados. — Vignobles dans la Manche, depuis Mortain et Avranches jusqu'à Surtainville. — Mauvaise qualité du vin normand. — Bière ou cervoise. — Le vin et la bière font définitivement place au cidre au commencement du XVIe siècle. — Témoignage de Paulmier. — Vieux manuscrit du sire de Gouberville. — L'usage du cidre s'établit d'abord dans le Cotentin.—Rapports du Cotentin avec la Biscaye. — Consommation actuelle comparée à celle du siècle dernier.

MESSIEURS,

Nous ne sommes pas éloignés de croire, nous autres Bas-Normands, que notre contrée a émergé du fond des eaux couverte de pommiers en fleurs et que la Normandie boit du cidre depuis que le monde est monde. — Cette opinion n'est pas tout à fait exacte et j'ai même quelques raisons de penser que nous n'en faisons un usage sérieux que depuis trois cent cinquante à quatre cents ans au plus. Nos pères apportèrent avec eux la bière que boit encore la Scandinavie. Mais en même temps ils cultivaient la vigne avec un soin et dans des proportions que nous avons quelque peine à admettre aujourd'hui. S'il faut en juger par l'étendue des vignobles mentionnés dans les anciennes chartes, dans les *aveux*, dans les documents de toute sorte que nous fournissent les archives du moyen âge, le *vin* devait entrer pour une large part dans la consommation journalière.

Ces coteaux que vous apercevez d'ici, bordant au nord-est la plaine de Caen, les coteaux d'Argences, étaient couverts de vignobles renommés, et vous seriez quelque peu surpris si j'ajoutais que chacune de ces petites collines, chaque enclos produisait un vin que l'on avait grand soin de désigner par un nom spécial auquel on accordait plus ou moins d'estime, comme l'on distingue aujourd'hui les crûs de Bourgogne par les noms de Nuits, de Beaune, de Clos-Vougeot, Volney. — Il y avait le vin Ste-Catherine, le vin Rigot, etc.

Sans compter les vignobles qui abondaient

dans la vallée de la Seine, surtout aux environs de Vernon et de l'abbaye de Jumièges, nous en trouvons dans la vallée de l'Eure, dans la vallée de la Touque. Guillaume le Bâtard donne une vigne, à Lisieux, aux religieuses de St-Désir; il en donne une, à Bavent, aux religieux de St-Étienne; sa femme, la reine Mathilde, dont le tombeau est à quelques pas d'ici, donna sept arpents de vigne aux religieuses de l'abbaye sur les ruines de laquelle s'élève aujourd'hui notre Hôtel-Dieu. Le vignoble se trouvait près d'Argences. — Tous les environs, du reste, étaient couverts de vignes : Airan, Croissanville, Moult, Cesny-aux-Vignes, St-Pierre-sur-Dives, Mézidon, où Henry II donne des vignes à l'abbaye de Ste-Barbe, devenue aujourd'hui, avec son beau parc, la propriété de M. Jonquoy.

La vallée de l'Orne avait aussi ses vignobles, moins renommés, paraît-il; au XIVe et au XVe siècle, on cultivait la vigne sur ce terrain en pente que vous voyez descendre du parc de l'Hôtel-Dieu vers le canal de Caen à la mer, et que l'on appelait les coteaux du Bourg-de-l'Abbesse ; les vignes s'étendaient jusqu'au-delà d'Hérou-ville.

Les évêques de Bayeux jouissaient de vignobles importants aux environs de leur cité et surtout du côté d'Audrieu.

Dans la Manche, si nous exceptons la partie méridionale, les vignobles sont moins nombreux. Mais dans l'Avranchin, presque tous les coteaux étaient couverts de vignes ; quelques vignobles avaient une grande réputation, surtout ceux placés au-dessous d'Avranches, sur le versant qui s'étend vers le Pontaubault et la baie du Mont-St-Michel. — On cite ceux de St-Hilaire, des Biards, du Val-St-Père, et au XVIIe siècle, c'est-à-dire, il y a deux cents ans à peine, le vin *Tranche-Boyaux* d'Avranches, en dépit de son nom par trop expressif, avait encore de la vogue.

Plus au nord, dans le Cotentin où le climat

est plus rude, le vin était beaucoup plus rare.
Cependant, cette boisson était une ressource si
précieuse, que dans les localités où l'exposition
et la configuration des terrains venaient s'ajouter
au voisinage de la mer pour adoucir la température, on plantait encore la vigne. On en trouve
aux environs de Coutances, de Lessay, à Agon.
— Au XIVe siècle, on parle des vins de la falaise
de Carteret.

Le point le plus septentrional du Cotentin,
mentionné dans les vieilles chartes comme possé-
dant des vignobles, est Surtainville, région qui
a dû ce privilège à l'orientation et à l'heureuse
conformation de son sol. Elle n'est séparée du
cap orageux de La Hague, il est vrai, que par
quelques lieues à peine, et elle fait face au
redoutable passage de la Déroute, si souvent
balayé par les tempêtes ; mais elle est mise
complètement à l'abri des vents froids du nord
et de l'est par une rangée de collines qui

— 119 —

l'enferment comme dans un fer-à-cheval dont
la mer baigne les deux extrémités, tandis qu'elle
s'ouvre obliquement aux vents tièdes et humides
de l'ouest et du midi. — Les coteaux de Clibey,
du Hulbourg, de la Teurque, qui regardent Serk
et Jersey, sont merveilleusement disposés, et les
noms de Fontaine-des-Vignes, de Mont-de-la-
Vigne (1) rappellent, à ne pas s'y méprendre,
l'ancienne culture du pays : elle est formellement indiquée, du reste, dans une charte de
l'abbaye de Troarn, charte d'après laquelle
Guillaume, fils de Jean Mulères, donna en 1341
aux chanoines de Brewton (comté de Somerset,
en Angleterre), *son domaine de Surtainville, la
terre où avait été sa vigne* (2).

Si j'ai insisté avec quelques détails, Messieurs,

(1) Coteau sablonneux situé sur Baubigny, commune
limitrophe, comprise dans le demi-cercle des collines.
(2) Dominium meum de Sorteuvilla, id est *terra* in qua
fuit *vinea*. — Les habitants prononcent encore aujourd'hui
Sortaïnville.

c'est que la culture de la vigne, en Basse-Normandie, nous paraît aujourd'hui un fait en dehors de toute vraisemblance. La tradition en est complètement perdue, et il nous faut vraiment des titres authentiques pour admettre que les abbayes, les couvents, les seigneurs, se disputaient la possession de pareils vignobles dont le produit constituait souvent, d'ailleurs, un produit considérable.

Les vins ainsi fabriqués dans notre pays devaient être détestables. J'ai connu en effet quelques personnes qui avaient goûté du vin d'Argences, vignoble, vous le savez, le plus renommé de toute la Basse-Normandie : elles étaient unanimes pour déclarer qu'il était véritablement imbuvable.

Or, si nos aïeux jusqu'aux XVe et XVIe siècles ont fait un si large usage de cette espèce de verjus qui nous dégoûterait tous aujourd'hui et dont ils se délectaient alors, c'est qu'évidemment ils n'avaient pas le cidre ; c'est que, jusqu'à cette époque, le cidre n'était pas entré dans la consommation générale. Cette conclusion ne me paraît avoir rien de téméraire.

Mais tous ces vignobles, malgré leur étendue n'auraient pas donné de produits suffisants, et on fabriquait en même temps avec de l'avoine, quelquefois du froment et de l'orge, peut-être même avec de l'ivraie, une espèce de bière, la cervoise (*cervisia*), qui était en usage dans toute la Normandie : la culture du houblon qui servait à sa fabrication était très-répandue, ainsi que l'atteste le nom si commun chez nous de *houblonnière*, porté par des champs, des fermes, des villages, des familles même.

Nos pères buvaient encore une liqueur fermentée, faite avec les *raives* (rayons) de miel dont ils avaient préalablement extrait le miel et qu'ils appelaient *bochet*. — J'en ai vu préparer encore, il y a trente et trente-cinq ans dans l'arrondissement de Cherbourg et de Valognes. Elle a aujourd'hui complètement disparu.

A quelle époque ces diverses boissons du moyen âge ont-elles fait décidément place au cidre ; peut-on indiquer à peu près la date à laquelle celui-ci est devenu la boisson ordinaire de la Normandie ?

S'il fallait en croire certains écrivains, qui ne tiennent aucun compte des faits que nous venons de rapporter, il faudrait faire remonter l'usage du cidre jusqu'aux Hébreux. — Il est vrai que les Juifs connaissaient la pomme ; ils lui font même jouer un assez grand rôle dans l'histoire du genre humain. Mais on a fort naïvement traduit par le mot *cidre* le mot hébreu *schekar* (1), désignant une boisson qui, sans être le vin pur, provenait néanmoins du raisin sur lequel on versait une certaine quantité d'eau.

(1) Schekar, Schechar ou Shécar vient du mot hébreu Shácar qui signifie *enivrer*.

Il n'est pas même démontré que les Grecs l'aient connu, pas plus que les Romains. — Le mot de *sicera* que l'on trouve dans les Capitulaires de Charlemagne désigne *toutes les liqueurs fermentées*, autres que le vin en usage dans les diverses régions de son empire (1). Peu à peu ce mot de *sicera* acquiert un sens plus restreint, et quelques siècles plus tard, on le réserve seulement aux boissons provenant de la pomme et de la poire, et on le traduit par le mot *sidre*, qui longtemps s'écrivit par un S.

Il est probable qu'on a, aux époques les plus reculées, songé à tirer parti des fruits des pommiers sauvages, très-communs, paraît-il, dans les anciennes forêts de la Gaule, mais il est permis de supposer avec notre illustre et savant

(1) Sicera (Isidoro, lib. XX. Orig., cap. III) est omnis potio quæ extra vinum inebriare potest; cujus licet nomen Hebræum sit, tamen latinum sonat, pro eo quod ex succo frumenti, vel pomorum conficiatur aut palmarum fructus in liquorem exprimantur, coctisque frugibus aqua pinguior, quasi succus colatur : et ipsa potio Sicera nuncupatur.

compatriote, Léopold Delisle, si expert en toutes ces matières, que la culture du pommier, en vue du cidre, était tout à fait inconnue; on se servait simplement des fruits sauvages cueillis dans les bois, et le jus qu'on en retirait était si mauvais, que se résigner à boire du cidre était une preuve de *grande austérité et de mortification.*

Je ne m'arrêterai que pour mémoire à l'argument que l'on a cru pouvoir tirer de certaines images de la fameuse tapisserie attribuée à la reine Mathilde.—Sur cette longue bande de tapisserie qui, si elle n'est pas de la femme de Guillaume le Conquérant, remonte en tout cas à une époque voisine de la conquête de l'Angleterre par nos pères, sont représentés avec la naïve fidélité du temps les divers détails de l'expédition. — Le malin bâtard, dans les approvisionnements qu'il réunit à Dives, à quelques pas d'ici, n'a garde d'oublier qu'il

faut donner à boire à ses hardis compagnons,
et le souvenir en est précieusement conservé
sur l'antique canevas. Rappelez-vous en effet
ces petits barils allongés, renflés à leur centre
comme un fuseau et portés à dos de cheval dans
des hottes ou paniers tombant sur les flancs :
c'est absolument le baril dans lequel les habitants du Pays-d'Auge, où se trouve Dives,
nous apportent encore actuellement leur cidre.
— En présence de cette analogie complète de
forme, on se laisse facilement aller à conclure
du contenant au contenu, et on a cru que
ces vaisseaux, dont l'image rappelle si bien nos
barils à cidre d'aujourd'hui, devaient à cette
époque contenir le même liquide.

Pourtant, Messieurs, rien n'est moins probable ; et quand notre vénéré Secrétaire de
l'Académie des Sciences et Belles-Lettres (1),
dans son Ode célèbre en l'honneur de Guillaume,

(1) M. Julien Travers.

verse le cidre à flots pour enflammer le cœur des fameux aventuriers, il ne faut voir là qu'une licence poétique, permise surtout à un barde bas-normand, mais qui, historiquement parlant, ne tire pas à conséquence :

> . . . . Pictoribus atque poetis,
> Quid libet audendi semper fuit æqua potestas !

Ces barils renfermaient bien plus vraisemblablement du mauvais vin normand ou même encore la fameuse *cervoise* « cervisia spumans. »

Mais je me hâte d'arriver à des documents plus sérieux et qui me paraissent jeter une vive lumière sur la question.

Paulmier, qui écrit son fameux *Traité du Sidre*, à une époque déjà bien éloignée de la conquête, en 1573, et qui, médecin renommé à Caen, devait être fort au courant des usages du pays, affirme que, cinquante ans auparavant, le cidre était à peu près inusité en Haute-Normandie :

« Et n'y a pas cinquante ans, qu'à Rouen et
« en tout le pays de Caen, la bière était le
« boire commun du peuple, comme est de pré-
« sent le sidre ; mais il était bien raisonnable
« que la bière cédât à une liqueur si plaisante
« et si salutaire qu'est le sidre ; comme il faudra
« qu'étant connu par les médecins, qu'il prenne
« jour par toute la France. »

Puis il ajoute :

« En Normandie, il ne se trouve monastère,
« ne château, ne maison antique où il n'y ait
« vestiges manifestes, et apparentes ruines de
« brasseries de bière qu'on y soûlait faire pour
« la provision ordinaire. »

Si l'on songe que cette observation vient d'un
homme bien placé pour savoir et qui a été en
quelque sorte témoin oculaire, il serait difficile
de trouver un témoignage plus clair et plus

précis concernant l'introduction relativement récente du cidre dans notre contrée (1).

Le passage de Paulmier que je viens de vous
citer est vraiment décisif. Mais je ne saurais
passer sous silence un document curieux, inédit,
qui nous vient d'un ancien compatriote Cotentinois, et qui nous permet de prendre cette
introduction du cidre pour ainsi dire sur le fait.

Au milieu du XVI⁰ siècle, à peu près à l'époque
où écrivait Paulmier, résidait dans la commune
de Mesnil-au-Vast, entre Valognes et Cherbourg,

(1) Le livre des fermes de Rots, dressé en 1387, par le
trésorier de St-Étienne de Caen n'indique *aucune plantation
de pommiers*. — Le *marchement* de la même paroisse fait,
en 1479, n'indique que *trois* ou *quatre jardins* plantés en
pommiers; mais il est bien plus que probable que les pommiers qui en provenaient ne servaient pas à faire du cidre,
car dans l'énumération des droits seigneuriaux dus par les
tenanciers de Rots, le droit de *brassage* n'est dû que pour
bracher cervoise. — Le Terrier de 1666 indique des plants
de pommiers auprès *des deux tiers ou moins des maisons de*
Rots, plus nombreuses alors qu'aujourd'hui. — (Renseignements communiqués par M. Gaston Le Hardy).

un riche gentilhomme, le sire de Gouberville qui, suivant une coutume très-répandue alors, beaucoup trop délaissée depuis, habitait son vieux manoir au milieu de ses gens et de ses serviteurs. Vivant avec eux d'une vie commune, quoique l'un des plus hauts et puissants seigneurs de la contrée, il prenait une part active à leurs travaux, mettait souvent la main à l'œuvre et s'occupait, comme le ferait un bon fermier de nos jours, de tous les détails de sa maison. — Chaque soir, le bonhomme inscrivait sur un registre tout ce qu'il avait fait dans le jour, tout ce qu'il avait observé, tout ce qui l'avait intéressé à un titre quelconque ; il inscrit tout, aussi bien le prix d'une livre de chandelle qu'il envoie *quérir* à Cherbourg, que les actes de sauvagerie qui désolent le pays, à cette rude époque des dissensions religieuses ; — et si la journée comporte quelques détails intimes, de nature quelque peu délicate, il les écrit discrètement en caractères grecs !

Ces manuscrits, récemment découverts, comprennent une période de dix ans, de 1553 à 1563 (1). On conçoit l'importance et l'intérêt d'une pareille mine de documents. — Or, ses pommiers et son cidre tiennent une grande place dans ces notes quotidiennes et il est facile de voir, à une foule de détails, que le cidre ne fait en quelque sorte que s'acclimater en Basse-Normandie.

Ainsi, on le paie très-cher. Un jour, Gouberville déjeune copieusement à Cherbourg avec ses amis; ils sont quatre; il paie *trois* sous, et le cidre entre pour un tiers dans la dépense, un sou. C'est le prix qu'il paie à un ouvrier pour une journée de travail..... — Le cidre est une

---

(1) En attendant la publication de ce manuscrit, que la Société des Antiquaires de Normandie a confiée à l'activité de son savant et habile secrétaire, M. de Robillard de Beaurepaire, M. l'abbé Tollemer, de Valognes, l'auteur de la fameuse trouvaille, a eu la patience de le déchiffrer d'un bout à l'autre et il en a extrait un volume d'un extrême intérêt, analysé dernièrement par la *Revue des Deux-Mondes*.

boisson de luxe. Il a des faucheurs, il leur donne de la bière (1) ainsi qu'à ses domestiques , comme *moins chère* et *plus commune* (la cervoise sans doute)..... — Lorsque sa cave en renferme d'une qualité exceptionnelle, il en envoie quelques bouteilles à ses amis. — Malgré l'étendue de ses domaines qu'il fait valoir dans la période de dix ans que comprend son journal, ce gentilhomme cultivateur ne vend que deux tonneaux de cidre ?

Mais, s'il n'en vend guère, ses neveux pourront en boire. La plantation des pommiers est l'objet de ses constantes préoccupations ; il y applique tous ses soins; il choisit lui-même les espèces , prend des informations précises sur les meilleurs pommages alors connus ; il greffe lui-même les surets. — Tous coopèrent à l'œuvre

_____

(1) Aujourd'hui, l'usage de la bière est absolument inconnu dans toutes les campagnes du Nord de la Manche : on n'en trouve que dans les cafés des villes et des gros bourgs.

nouvelle : il dépêche le vicaire de sa paroisse près le sire de Montfréville pour avoir de bonnes greffes; il l'envoie à Morsalines, le village qui, quelques années auparavant, a fourni de si bon cidre au grand roi François Ier ; — le *curé* lui-même est requis de lui donner un coup de main pour *bien aligner* ses plantations..... — Et ce liquide rare et cher, quelles précautions pour sa fabrication ! Les pommes sont à couvert, *triées suivant les espèces* et pressurées en temps convenable; les *pourries*, dont il indique les inconvénients, sont impitoyablement rejetées. — Enfin, Messieurs, trait vraiment caractéristique, comme à toute substance rare ou nouvelle, il attribue au cidre une force *médicinale* étonnante. Il n'est en ceci d'ailleurs que l'interprète de l'opinion de son temps. Ce nouveau liquide est une panacée; il guérit des écrouelles comme les rois de France; les cancers ne lui résistent pas ; les fluxions de poitrine se résolvent comme par enchantement. — Un sien ami, vicaire de

Valognes, et en même temps *licencié en mé-decine?* en fait des applications vraiment ad-mirables.....

Il est regrettable qu'en devenant plus commun et moins cher, il paraisse avoir perdu ses mer-veilleuses propriétés.

C'est du reste par le pays qu'habitait notre grand seigneur campagnard, par le Cotentin, que, selon toute apparence, l'usage du cidre a pénétré dans la province de Normandie. Paulmier le dit formellement et cite comme preuve *les plus vieilles et antiques fieffes des terres du Cotentinois faites avec charges et conditions de cueillir les pommes et faire les sidres.*

C'est sans doute pour cette raison que les cidres du Cotentin ont, au XVI⁰ siècle, une su-périorité marquée sur tous les autres, sans excepter les cidres du Pays-d'Auge. — « Les « meilleurs sidres de la Normandie se trouvent

4*

« en Cotentin et en premier lieu à Beuzeville-
« sur-le-Vey, chez le sieur duquel lieu se trouve
« Chevalier, pomme rayée rouge, grosse comme
« un œuf ou plus, aigrette comme passe-
« pomme..... »

Paulmier ajoute que c'est également dans le
Cotentin que l'on .doit chercher les meilleures
espèces de pommes; il en cite plusieurs; entre
autres, la pomme de Suie qui, dit-il, « est un
« pommage fort sèche;..... on en trouve des
« grosses chez le sieur de Saint-Martin, chi-
« rurgien près Briquebec en Cotentin. » — Il
vante le cidre des environs de Valognes et ne
manque pas de rappeler la préférence accordée
par François Iᵉʳ au cidre de Morsaline.

« A Morsaline, près La Hogue, en Cotentin, il
« y a une espèce de pomme qu'ils appellent
« d'Espice, de laquelle on fait sidre si excellent
« qu'il est par-dessus les autres, comme le vin
« d'Orléans est par-dessus le petit vin François.
« Le feu grand roy François passant par là en

« l'an mil cinq cens trente-deux en fist porter
« en barreaux à sa suite, dont il usa tant qu'il
« peut durer. »

Suivant une vieille tradition, le Cotentin aurait
emprunté aux Basques l'art de préparer le cidre.
Il paraît constant, en tout cas, qu'ils ont apporté aux habitants du Cotentin, et par eux à
toute la Normandie, non-seulement de meilleurs
procédés de fabrication, mais encore des *pommages* supérieurs à ceux qui se trouvaient dans le
pays. — Il est incontestable que les rapports par
mer étaient très-fréquents au commencement de
l'ère moderne entre le Cotentin et la Biscaye,
et je relève dans Paulmier ce passage qui a sa
valeur au point de vue qui nous occupe : « de
« là (la Biscaye) en a été apporté cette année
« bonne quantité (de sidre) par la mer à Cous-
« tances et autres lieux circonvoisins. » Ce qui
prouve d'une part que la Biscaye est un pays où
on cultivait la pomme depuis longtemps, puis-

qu'on en exporte le jus jusqu'au Cotentin ;
d'autre part, que celui-ci n'en produisait pas
encore suffisamment.

Le rôle que les Basques ont joué dans le
Cotentin au commencement des temps modernes
par rapport à l'industrie du cidre, peut se reconnaître à plusieurs indices, et je vous citerai le
fait suivant parvenu récemment à ma connaissance d'une manière toute fortuite :

En 1486 s'établissait dans la paroisse de Lestre,
aux environs de Valognes, un gentilhomme es-
pagnol, venant de Biscaye, le nommé Dursus,
Dursus de L'Estre. Or, il est de tradition dans la
famille de ses descendants, représentée aujour-
d'hui par M. Georges Dursus de Courcy, à Sec-
queville-la-Campagne, que cet ancêtre avait
apporté avec lui, de la Biscaye, des espèces de
pommes excellentes, et qu'il avait appris à ses
nouveaux compatriotes la manière de fabriquer
le cidre. — Cette tradition dont on m'a fait part,
il y a quelques jours à peine, doit être rap-

prochée d'un passage du livre de Paulmier, qui avait déjà frappé mon attention. « Greffe de « Monsieur, dit-il, en parlant des diverses espèces « de pommes, c'est une sorte de grosse pomme « douce de la dernière fleuraison, et de la pre- « mière maturité entre les bonnes..... *Les greffes* « ont été naguère apportées *de Biscaye*. M. de « L'Estre, à deux lieues de Valognes, a esté le « premier qui les a entées, à ce que j'ai entendu « dans le pays. »

Ne trouvez-vous pas que l'observation de Paulmier donne une valeur réelle et en quelque sorte historique à la tradition conservée dans la famille Dursus.

Enfin, après avoir nommé la *Greffe de Mon- sieur*, Paulmier vante encore d'autres espèces venant de Biscaye; — entre autres, la *Barbarie de Biscaye*; la pomme de *Marin-Onfroy*, due à Marin-Onfroy, sieur de Saint-Laurent-sur-Mer, qui l'apporta de la Biscaye dans le Bessin, au commencement du XVIᵉ siècle (1) et après l'avoir cultivée sur ses terres, la répandit en Normandie.

Ne soyez pas surpris, Messieurs, bien que notre Normandie ait aujourd'hui la réputation de produire les meilleures pommes du monde, qu'elle doive peut-être ses espèces les plus précieuses à cette intéressante province de l'Espagne. La Biscaye est, en effet, une petite Normandie. Bien différente en cela du reste de la péninsule, son climat n'a rien d'Africain. Le vent du nord-ouest qui souffle le plus souvent, apporte de l'Océan un air frais qui entretient une température assez uniforme, exempte de variations considérables. Les pluies y sont fréquentes, le sol humide, et les plaines qui s'étendent des montagnes à la mer sont couvertes

(1) On trouve dans la généalogie des Marguerie, t. IX, de Lachesnaye-Desbois : Gille de Marguerie, sieur de Colleville, marié en *1543* à Marie Onfroy, fille de *Marin-Onfroy*, sieur de Saint-Laurent-sur-Mer (Note communiquée par M. Gaston Le Hardy).

de verdure et d'arbres fruitiers. — Les pommiers y croissent à merveille, et le voyageur normand, parcourant les vallons qui s'enfoncent entre les crêtes blanchâtres des montagnes, se croit égaré dans quelque coin du Pays-d'Auge. — Comme dans le Pays-d'Auge, les habitants qui constituent une des races les plus remarquables de l'Europe, font de grandes quantités de cidre qu'ils appellent *zagardua ;* — et si nos pères ne leur ont point emprunté l'art de pressurer les pommes, ils ont été au moins, pendant longtemps, leurs tributaires.

A partir du XVI⁰ siècle, des documents authentiques et nombreux indiquent chez nous un accroissement rapide dans les plantations ; le cidre devient la boisson du pays et remplace définitivement le verjus et la cervoise dont nous avons perdu même le souvenir depuis longues années.

Ce n'est pas pourtant, Messieurs, que la consommation du cidre fût, il y a cent ans, ce qu'elle est aujourd'hui. Dans certaines parties de notre contrée, dans La Hague, par exemple, il est de mémoire d'homme qu'on ne trouvait le cidre, au commencement du siècle, que chez les cultivateurs d'une certaine aisance, et encore ils n'en faisaient qu'une petite quantité à laquelle ils ne touchaient que le dimanche, buvant les autres jours, comme les ouvriers, une boisson pâle et fade, faite avec l'infusion du marc de pomme, dont tout le jus avait été extrait et dont elle ne rappelait en rien ni le goût, ni les propriétés.

Aujourd'hui, non-seulement, son usage est général parmi nous ; mais le phylloxera aidant, l'exportation atteint un chiffre élevé (1) ; les départements vinicoles nous l'achètent, soit pour

(1) En 1880, le chemin de fer de Cherbourg à Caen a transporté 32,000 tonnes de pommes provenant de la zone étroite du pays qu'il traverse, et représentant un train d'environ huit lieues de long, la distance qui sépare la gare de Caen de la gare de Bayeux !

le boire, soit pour en faire des mixtures ina-
vouables. En un mot, malgré des négligences
impardonnables, le cidre tend à prendre une
place de plus en plus importante dans les productions de notre pays, — et si nous sommes
sages, l'exploitation de cette boisson salubre
deviendra une source féconde où nous puiserons
à la fois la santé et la fortune.

SIXIÈME LEÇON.

LE CIDRE CONSIDÉRÉ COMME BOISSON ALIMENTAIRE.

SOMMAIRE. — Ce qu'est le cidre. — Ses variétés aussi
nombreuses que celles du vin, au point de vue
du goût. Propriétés nutritives démontrées par
l'analyse chimique et l'observation physiologique.
— Heureuse influence du cidre sur les fonctions
digestives. — Les maladies de l'estomac, peu fréquentes en Normandie. — Observations d'accidents
gastriques graves guéris par le cidre en bouteille.
— La goutte rare en Normandie; son analogie avec
la *pierre*. — Influence du cidre sur l'obésité. — Le
cidre employé comme boisson ordinaire par les
malades de l'Hôtel-Dieu de Caen : Observations.

MESSIEURS ,

Si précieuse que puisse être l'action du cidre
contre la production des concrétions urinaires,

s'il ne fallait reconnaître en lui que les vertus médicinales que nous avons constatées, nous resterions presque indifférents à cette richesse de productions, à cette rapide extension que je vous signalais dans notre dernière conférence.

Le cidre n'est-il en effet qu'un médicament? faut-il le faire descendre au rang des eaux de Vichy, de Vals ou de Contrexeville? où bien au nom de l'hygiène dont vous serez dans la contrée les interprètes les plus autorisés, devez-vous, en dehors des indications thérapeutiques, maintenant bien connues de vous, devez-vous, dis-je, le conseiller comme un liquide bienfaisant, une boisson salubre, digne d'être placée sur le même rang que les autres boissons consacrées par l'usage? — On comprend l'importance d'une pareille question non-seulement pour nous, médecins, mais encore pour le pays tout entier.

Quand d'aussi graves intérêts son en jeu, malgré que soit le soin que l'on apporte à se garder de toute exagération ou de parti pris, il est rare que

les appréciations, quelles qu'en soient d'ailleurs
l'indépendance et l'impartialité, soient acceptées
sans réserve. Prenons-en notre parti, et sans
espérer faire oublier que nous sommes Normands, disons franchement ce que nous pensons
du cidre, non plus au point de vue médical,
mais simplement comme boisson usuelle au point
de vue de l'hygiène.

Le cidre, le vrai cidre, est une boisson agréable,
tonique, réconfortante, favorable aux divers actes
de la digestion.

Et comme gage de sincérité, j'ajoute immédiatement;—le cidre, tel qu'on le boit dans beaucoup de familles, et dans la plupart des hôtels
de Basse-Normandie, est un liquide désagréable
au goût, nauséeux, pouvant occasionner des
troubles sérieux dans les voies digestives et
qui justifie bien des préventions. — Mais ce
breuvage n'a guère du cidre que le nom et
quelquefois la couleur : — parlons du cidre.

5

Constater que le cidre est une boisson agréable,
ce n'est point prétendre que sa saveur soit telle
qu'elle plaise universellement à quiconque y
goûte. On constate de nombreuses exceptions,
même parmi les Normands, comme l'on en
rencontre également, du reste, pour le vin,
pour la bière, pour le Stout et en général
pour tous les corps sapides, qu'ils soient liquides
ou solides. Le sens du goût pour être agréablement impressionné exige presque toujours une
certaine accoutumance; il est même quelques
produits comme le fromage, la bière, l'absinthe
pour lesquels la répugnance est en quelque
sorte instinctive, quelquefois insurmontable, et
rien ne la peut vaincre; ni la volonté, ni l'habitude, ni même la nécessité.—Il n'en est pas ainsi
du cidre. J'ai eu l'occasion d'en conseiller l'usage
à bien des personnes qui n'en avaient jamais
bu, et il en est bien peu qui ne s'y soient
habituées en quelques jours et qui n'aient même
bientôt trouvé sa saveur agréable.

D'ailleurs, ce liquide clair, transparent, limpide, de couleur ambrée ou rutilant comme l'or, et qui pétille dans le verre en se couvrant sur ses bords d'une légère couche de mousse, plaît à l'œil et stimule dejà par son aspect, en même temps que ses variétés, suivant son âge et sa provenance, répondent à tous les caprices ; — tantôt doux et sucré comme nos meilleurs vins de liqueur ; — tantôt amer et fort comme certains vins du Midi, — ou bien légèrement acide et spumeux, frais et désaltérant comme nos petits vins de la Touraine. — Et ces diverses espèces peuvent se trouver dans le cellier le plus modeste, s'il est méthodiquement approvisionné ! Sans doute, le cidre est traité par bien peu de familles, avec l'intelligence nécessaire, mais on ne saurait lui en faire reproche, et il ne doit pas être rendu responsable de notre routine déplorable et de notre éternelle incurie.

Quant à ses qualités toniques, réconfortantes,

nutritives, nous pourrions en demander la démonstration à l'analyse chimique. Il y a des
cidres qui contiennent 10, 11 et même 12 °/₀
d'alcool; beaucoup plus qu'on n'en trouve dans
un grand nombre de vins livrés journellement
à la consommation; les cidres du Cotentin, qui
comptent parmi les meilleurs et les plus agréables,
en contiennent 7, 8 et 9 °/₀. — Le tannin, auquel
on fait jouer un rôle si important dans les métamorphoses nutritives, et auquel les vins de Bordeaux doivent en grande partie leur supériorité,
le tannin entre dans le cidre dans la proportion
de 8, 10, 12 et 13 °/₀, proportion plus forte
qu'elle ne l'est dans beaucoup de Bordeaux et
surtout dans les vins de Bourgogne. — On y
trouve comme dans le vin, une certaine quantité
de sucre, du mucilage, des tartrates, de l'acide
malique.....; si bien qu'en ne considérant que sa
constitution chimique, on croirait presque ana-
lyser un vin généreux quelconque. Nous avons
donc, chimiquement parlant, une liqueur com-

posée d'éléments qui, subissant l'élaboration digestive, se changent en produits utiles, indispensables au mouvement incessant de composition et de décomposition qui préside à la nutrition des tissus.

Que nous importent, du reste, ces considérations chimiques? N'avons-nous pas à notre disposition un instrument d'épreuves autrement faciles et sûres, autrement concluantes? l'organisme humain lui-même. — Versez à cet homme accablé par le travail et le poids du jour quelques verres de cette liqueur dont il a l'habitude, et il vous dira quel bien-être il éprouve et comme il se sent réconforté. — Nous pouvons d'ailleurs nous interroger nous-mêmes et ne nous en rapporter qu'à nos propres sensations. Qui de nous, dans une marche longue et pénible, n'a quelquefois retrouvé des jambes dans une bonne *moque* absorbée au cabaret du chemin? Et ce n'est pas là une simple excitation momentanée, laissant après elle, comme certains liquides, un affaissement plus grand. Nos cultivateurs intelligents ne s'y trompent pas; ils savent que le bon cidre, pris dans une juste mesure, non-seulement stimule, donne une somme de travail plus considérable, mais diminue notablement la dépense en aliments solides.

Paulmier l'avait écrit trois cents ans avant nous : « La première et principale vertu du sidre « est l'alimentation, de laquelle portent suffisants « tesmoignages les gens de faix et de peine de « ceste province qui fournissent mieux au travail « *avec pain et sidre*, qu'ils ne feroyent *avec* « *plusieurs viandes sans sidre;* et la plénitude « des biberons qui tarissent six ou sept pots de « sidre en rongeant une seule crouste de pain, « et sont si bien nourris qu'ils crèvent de graisse. « Donc, tout sidre nourrist et substante le « corps..... — Il a encore cette vertu qu'il aug- « mente, fortifie et excite la chaleur naturelle

« par sa douce et bénigne chaleur, rendant la
« personne plus prompte, plus agile et plus
« vigoureuse à toutes ses actions. » — On ne
saurait mieux dire.

En présence de ces effets toniques et répara-
teurs dont chaque jour nous sommes témoins,
et que chacun peut constater sur lui-même,
qu'ai-je besoin de vous entretenir de l'influence
du cidre sur les phénomènes digestifs? Ce serait
un fait physiologique bien étrange qu'un produit
dont nous nous trouvons bien malgré un usage
journalier, exerçât sur un point quelconque de
notre organisme une action funeste; que l'estomac et l'intestin chargés de l'élaborer et de l'absorber, fussent, par ce travail intime, exposés,
comme on l'a dit, au danger de troubles et
même de lésions graves. Cependant on l'a tant
répété, c'est un préjugé tellement en crédit
parmi les étrangers et même chez certains confrères, qu'il ne sera peut-être pas inutile d'es-

sayer de faire définitivement justice de cette prévention, qui n'a d'ailleurs jamais été médicalement étudiée.

Remarquons d'abord que si l'accusation était fondée, l'immense majorité de nos compatriotes devraient avoir l'estomac dans un piteux état. Le cidre bien préparé, bien conservé, ce cidre type, dont nous nous occupons en ce moment, n'est pas le seul dont on use dans le pays; malheureusement les cidres *avariés*, mauvais, acides, sont bien répandus ; et cependant, pour tout observateur non prévenu, même avec ces cidres défectueux, est-ce que nos estomacs bas-normands ne valent pas, par exemple, les estomacs parisiens ? Est-ce que nous observons chez nous plus de névroses gastriques, plus de gastralgies, plus de dyspepsies? Je dirai même que si nous nous en rapportons à la statistique de notre Hôtel-Dieu, dont la population se recrute dans les classes où l'on fait principalement usage

de cidres inférieurs, nous serions en droit d'affirmer que les affections d'estomac sont rares ici ;
moins communes assurément que dans beaucoup
de grands centres. Pour ne remonter qu'à 15 ans,
je vois qu'en fait de gastralgie, la statistique
n'en cite pas une seule dans les années 1864,
1867, 1868, 1869, 1872, 1878. On compte seulement une gastrite en 1868, cinq en 1878, une
en 1880. Ce total n'est-il pas rassurant pour nous
et probant tout à la fois? — Je parle devant un
certain nombre de jeunes gens qui tous boivent
le cidre ; y en a-t-il beaucoup parmi vous dont
l'estomac ne fonctionne admirablement? Sans
doute la solidité de notre appétit et cette régularité des fonctions gastriques comparées à ce
qui se passe dans des villes plus populeuses peut
s'expliquer par plus d'une raison ; mais n'est-il
pas évident que si le cidre avait une influence
fâcheuse quelconque, si minime qu'elle pût être,
son usage constant serait tout à fait incompa-
tible avec cette vigueur et cet état normal de

santé que nous constatons partout autour de nous?

Je ne veux point rentrer dans la question des propriétés médicales du cidre.—Cependant, à propos de son action sur l'estomac, je ne saurais passer sous silence, parmi les faits que j'ai observés, trois d'entre eux qui sont particulièrement significatifs et dont vous pourrez plus tard faire votre profit.

Le premier concerne une jeune femme soignée par un des anciens internes de cet hôpital, le Dr Herbline, d'Isigny, et près de laquelle je fus appelé en consultation. — Je dois à l'obligeance de ce jeune confrère, aussi modeste qu'instruit, communication de l'observation qu'il recueillit alors; – je lui laisse la parole.

« Mme X..., 23 ans, est très-chloro-anémique. Cet état remonte à plusieurs années déjà, ainsi qu'il est permis d'en juger par les renseignements recueillis auprès de sa mère.—Sa fille a toujours eu, dit-elle, un teint pâle, une menstruation irrégulière, des flueurs blanches, des palpitations et une très-grande tendance aux syncopes (plusieurs fois elle est tombée sans connaissance).

« Malgré cet état de faiblesse générale, la jeune femme devient enceinte, trois mois après son mariage. Dès le début de la conception apparaissent quelques symptomes gastriques ; mais ils cèdent facilement à un traitement très-simple. Vers deux mois et demi environ surviennent des vomissements qui prennent aussitôt un caractère assez grave pour me faire désirer l'avis d'un confrère voisin, M. le Dr Fouchard.—Tous les médicaments conseillés en pareil cas sont mis en usage : boissons froides, glace, champagne frappé, potion de Rivière, potion hydrocyanique, potion iodée, préparations opiacées, pepsine, injections hypodermiques de morphine, etc. Dès le début également, nous avons employé des révulsifs au creux de l'estomac ; mais ces

divers moyens de traitement restent sans résultat.
—Nous appelons alors en consultation M. Denis-
Dumont, qui avait antérieurement donné des
soins à notre malade. Une partie du traitement
est continuée; puis sur l'avis de mon cher maître,
nous donnons du cidre en bouteille. — Cette
boisson est prise avec beaucoup de plaisir et, à
ma grande surprise, je l'avoue, elle est très-bien
supportée. De plus, pendant près de quinze jours,
non-seulement le cidre n'est pas rejeté, mais
encore il exerce sur l'estomac une influence
telle que celui-ci peut conserver quelques aliments,
tels que bouillon, crême, jus de viande, etc.
Malheureusement, notre malade est prise d'accès
de fièvre qui augmentent la faiblesse déjà
extrême, et elle finit par succomber épuisée.
— On voit par cette observation que le cidre en
bouteille a pu, pendant un certain temps,
arrêter des vomissements de la plus haute
gravité; je crois qu'il est appelé dans des cas
analogues à rendre de grands services.—C'est un

agent thérapeutique qui me paraît d'autant plus précieux qu'il constitue une boisson agréable et qu'on peut se le procurer facilement. »

Dans la seconde observation, il s'agit encore d'une femme enceinte.

Mme X..... commence une quatrième grossesse au mois de mai 1881. — Des nausées, des vomissements assez fréquents avaient rendu les premiers mois des trois grossesses précédentes assez pénibles ; mais le plus souvent les aliments étaient digérés et les vomissements se composaient presque uniquement de matières glaireuses. — Dans cette dernière grossesse, les aliments sont expulsés ; les vomissements deviennent incessants, un profond dégoût pour toute espèce d'alimentation survient bientôt, et vers le milieu de juin, l'estomac ne tolère rien. — Mon honoré confrère et ami, le D^r Le Hardi est appelé en consultation. Les remèdes de toute sorte, le bromure de potassium, la teinture d'iode, les

eaux alcalines, les opiacées, les boissons ga-
zeuses, la glace, tous les moyens ordinairement
employés en pareil cas n'ont aucun succès.
L'affaiblissement est extrême, un redoublement
fébrile existe vers le soir; l'état général devient
grave, non-seulement relativement à la conti-
nuation de la grossesse, mais encore au point
de vue de la vie de la mère. — Le champagne
frappé, toléré d'abord pendant un jour à peine,
ne passe plus.—Je me rappelle alors ce qui s'était
passé à Isigny. On put se procurer au château
d'Écoville, chez M. Lavarde, d'excellent cidre
en bouteille. Il est digéré; Mme X..... y prend
tellement goût qu'au bout de quatre jours elle
en boit trois bouteilles en 24 heures. Les forces
reviennent, bien que le cidre soit la seule
chose qu'elle absorbe pendant douze jours. Au
bout de ce temps, une alimentation légère est
essayée avec succès, et peu à peu, en conservant
le cidre mousseux comme boisson habituelle,
Mme X..... recouvre son appétit ordinaire et

arrive au terme d'une grossesse gémellaire sans éprouver un seul vomissement.

Aujourd'hui, pleine de reconnaissance pour le cidre, elle proclame, sans beaucoup exagérer peut-être, qu'elle lui doit la vie.

Plusieurs d'entre vous m'ont vu opérer d'un cancer du sein, il y a deux ans, une jeune femme, pensionnaire à Ste-Rosalie, qui guérit assez rapidement! — Quelques mois plus tard, elle nous revenait atteinte (récidive trop fréquente) d'un cancer de l'estomac. Cinq ou six semaines après sa rentrée, aucun aliment solide ou liquide n'était supporté; la fameuse potion iodo-iodurée, que vous avez vue si souvent réussir, avait perdu toute efficacité au bout de quelques jours, aussi bien que tous les autres moyens : eau gazeuse, alcalins, glace, etc. Nous essayâmes le cidre en bouteille : à partir de ce moment, les vomissements ont cessé, le cidre est devenu l'unique alimentation, et la malade est morte, après trois semaines, de sa diathèse cancéreuse, sans que vous l'ayez vue pendant ces trois semaines vomir une seule fois.

De ces trois observations que j'ai voulu vous communiquer parce que l'action a été ici franche et des plus nettes, devez-vous conclure que le cidre est un anti-émétique infaillible ? Non, sans doute, et vous ne serez pas toujours aussi heureux dans vos essais ; mais elles devraient au moins vous faire souvenir à l'occasion, que vous avez sous la main un moyen précieux de soulagement ou de guérison jusqu'alors inusité dans les vomissements rebelles; et elles sont également de nature , si je ne me trompe , à diminuer quelque peu les appréhensions qu'inspire à certaines gens l'ingestion de ce liquide dans l'estomac.

J'éprouve quelque scrupule à insister si longuement près de vous, Messieurs, sur l'innocuité d'une boisson dont tous vous appréciez les

qualités mieux que par ouï-dire. J'ai pour
excuse la résistance aveugle que vous oppose-
ront, et trop souvent avec succès, les gens les
moins compétents, les moins autorisés. — Il en
est de notre cidre comme d'un honnête homme,
lequel, au cours d'une carrière honorable, voit
sa réputation effleurée par quelque insinuation
perfide, et qui aura à lutter pendant des années
et quelquefois en vain pour en effacer la
fâcheuse impression.

Le cidre, en même temps qu'il n'apporte aucun
trouble dans l'estomac et qu'il paraît être plutôt
pour lui un stimulant utile, a une incontestable
action sur la régularité des fonctions intestinales.
Ce n'est pas là un de ses moindres mérites. —
Dans nos villes, les hommes d'étude et de cabinet, les femmes surtout, ne sont guère malades,
pour la plupart, que par défaut d'un exercice
suffisant. Cette absence de tout effort physique,
cet engourdissement musculaire ont générale-

ment pour conséquence une paresse intestinale que vient encore accroître l'action astringente de l'eau rougie et qui devient une réelle infirmité. Le cidre constitue un remède efficace dans ces cas de constipation opiniâtre, remède dont on peut graduer les effets en faisant usage de cidres arrivés à des degrés différents de fermentation (1). — Cette action stimulante du cidre sur les sécrétions intestinales est d'observation journalière, et il m'a suffi, dans bien des cas, de substituer le cidre au vin dans le régime pour faire disparaître cette espèce d'inertie du tube

(1) Tout le monde ne dispose pas de tonneaux de cidre en assez grand nombre pour en avoir à plusieurs degrés de fermentation ; mais toute cave peut renfermer, comme nous le dirons, trois catégories de bouteilles ; — dans la première, on aura mis le cidre encore *doux*, peu de temps après le pressurage ; il restera fort longtemps sucré et très-*laxatif* ;— pour la seconde, on l'aura préalablement laissé fermenter quelque temps jusqu'à ce qu'il devienne *piquant* ; il sera moins sucré et ses propriétés *laxatives* seront moins accusées ; — enfin, pour la troisième, on aura attendu que le cidre soit complètement *paré* ; dans ce cas, il ne sera que simplement *rafraîchissant*.

digestif, en même temps que les nombreux malaises qui en sont la conséquence (1).

Le cidre exerce sur la nutrition proprement dite, et notamment sur l'un des phénomènes multiples qu'elle présente, sur la combustion des matières azotées, une influence qu'il
importe de rappeler ici. Vous vous souvenez,
en effet, qu'à propos de la formation des calculs,
des *pierres*, dus à un excès d'acide urique, nous
avons constaté qu'il favorisait l'oxygénation des
matières albuminoïdes ; qu'il transformait, par
cette oxydation plus prononcée, l'acide urique
en *urée* , produit beaucoup plus soluble et
qu'il s'opposait ainsi à la formation des sables

(1) On a dit que le cidre altérait les dents. — Rien ne le
démontre. La carie dentaire n'est pas plus commune en
Normandie que dans beaucoup d'autres contrées du Nord
où l'on ne boit pas de cidre. — Il faut plutôt voir là une
influence de race et d'hérédité. Je connais beaucoup de
Normands ne buvant que du vin et dont les dents sont
affreusement cariées ; d'autres ne buvant que de l'eau, et
dont les dents ne sont pas meilleures.

et concrétions urinaires. Nous avons insisté sur ce point de manière à dissiper tous les doutes.

Or, si tel est le rôle du cidre sur les phénomènes de nutrition, il nous devient assez facile d'apprécier le rôle qu'il peut exercer dans la production d'une maladie grave, la *goutte*, l'une des affections les plus directement soumises à l'influence des habitudes hygiéniques. — Jetons un coup d'œil d'abord sur la pathogénie de cette diathèse, assez redoutable, vous le savez, pour fixer un moment notre attention.

La goutte a pour caractère essentiel, fondamental, un excès d'acide urique dans le sang. — Cet acide, en excès, s'unit à la soude et à la chaux pour former des urates et donne naissance à ces concrétions tophacées qui se déposent au niveau des articulations et principalement aux mains. — Les urines, surtout à la fin des accès de goutte, contiennent également une grande quantité de cet acide, soit libre sous forme de poussière rouge, soit en graviers à l'état d'urate d'ammoniaque. Sur les cadavres des goutteux, la gravelle rénale, la pierre est la complication le plus communément constatée. — Si nous exceptons les cas de prédisposition héréditaire, puissante et tenace ici comme toujours, cette surcharge d'acide urique qui se révèle de tant de manières dans la goutte, tient à un régime trop succulent, à une ingestion de matières azotées en trop grande quantité pour être brûlées complètement; — ou bien encore à ce que le défaut d'exercice, l'absence d'efforts musculaires diminuant l'absorption de l'oxygène, limitent l'intensité des combustions organiques, — ou bien enfin à l'action de ces deux causes réunies : d'une part, introduction de trop de combustible, d'autre part, combustion insuffisante. Et ce que vous observez tous les jours justifie bien en tous points cette manière de voir. Qui dit goutte, ne dit-il pas, en effet, à quelques exceptions près : bonne chère et vie inactive , régime excessif et fatigue physique nulle.

Si cette étiologie est exacte, et elle l'est, il est impossible de n'être pas frappé de l'analogie qui existe entre la goutte et les affections calculeuses des voies urinaires. — Nous connaissons l'effet puissant produit par le cidre sur ces dernières : quelle doit être son action sur la goutte ? Je vous laisse vous-même tirer la conclusion. Si le cidre s'oppose à l'accumulation de l'acide urique dans un cas , comment la favoriserait-il dans l'autre ?

Aussi, bien que les commodités de la vie et la facilité qu'ont les habitants de se procurer une alimentation succulente et abondante dussent rendre la disposition goutteuse plus commune dans notre contrée que dans beaucoup d'autres, je ne crois pas que la maladie y soit plus fréquemment observée. — Ici, je n'invoquerai pas la statistique de l'hôpital ; vous connaissez l'histoire de la goutte et de l'araignée; elle est vraie pour notre Hôtel-Dieu et je n'y ai jamais vu la goutte ; mais je partage l'opinion de la plupart de mes confrères interrogés sur ce point : — la goutte est rare en Basse-Normandie.

Je dois même ajouter que si je mets à part les cas de *goutte héréditaire*, de *goutte innée*, qui poursuit quelquefois d'une manière si impitoyable les diverses générations d'une même famille, je n'ai jamais observé la *goutte* chez un homme ne buvant strictement que du cidre, à l'exclusion du vin ou de toute autre boisson alcoolique.

Cette activité des combustions organiques, cette accélération des métamorphoses nutritives qui semblent résulter de l'usage du cidre doivent nous donner d'utiles indications. Le cidre, et surtout les cidres légers, devraient former l'unique boisson de tous ceux qu'une prédisposition quelconque, héréditaire ou autre, menace de la goutte ou de la gravelle, ce qui est tout un ; ils conviennent avant tout aux personnes condamnées à une vie sédentaire, aux habitants des villes privés d'un exercice suffisant et menacés d'un excès d'embonpoint. A cet égard, je suis heureux de voir mon opinion partagée par mon savant compatriote et ami, M. de Saint-Germain, chirurgien de l'hôpital des Enfants, lequel, dans une étude extrêmement intéressante qu'il vient de publier sur l'obésité, proscrit absolument la bière, le vin, les alcools et recommande le cidre !

Enfin, Messieurs, vous avez assisté, cette année même, à ce qu'on pourrait appeler une expérience en grand sur les propriétés hygiéniques du cidre. L'opinion que cette boisson ne doit pas être employée par les malades, qu'elle leur est plutôt nuisible qu'utile, s'impose avec une telle autorité, qu'on ne prépare dans les hôpitaux de notre pays et notamment dans celui-ci, qu'un cidre, si j'en excepte quelques rares tonneaux, d'une qualité inférieure ; on le considère comme ne devant pas entrer sérieusement en ligne de compte dans le régime alimentaire des malades et blessés ; il est destiné seulement aux employés de la maison et tout au plus aux convalescents qui ont l'habitude d'en boire. — La Commission des hospices, aux vendanges dernières, a bien voulu, sur ma demande, faire brasser du cidre avec une proportion d'eau moins considérable que de coutume, du cidre plus fort, meilleur ; et lorsqu'il a été à peu près complètement fermenté, qu'il est devenu piquant et agréable au goût, j'ai supprimé le vin dans toutes les salles civiles de mon service. — Vous l'avez vu comme moi, la marche des diverses affections n'en a pas été modifiée ; les plaies ont guéri tout aussi bien ; pas un malade ne s'est plaint ; aucune réclamation ne s'est produite, si ce n'est de la part des blessés militaires dout la plupart auraient voulu se soustraire aux règlements formels de l'intendance défendant l'usage du cidre, on ne sait pourquoi, et qui désiraient obtenir le régime des salles civiles. — Sans doute, je vais être bientôt obligé, au commencement de la saison

5 *

d'été, de revenir sur cette mesure et de reprendre le vin. Malgré l'amélioration introduite, le cidre mis à notre disposition n'est pas encore assez riche en alcool, n'est pas assez fort pour se maintenir bon jusqu'à la fin de l'année et pour ne pas subir d'altérations fâcheuses pendant la saison chaude ; — mais peu à peu, je l'espère du moins, dans l'intérêt même du budget hospitalier, nous arriverons à rompre avec l'ancienne routine, à disposer de cidres excellents, comme celui que boivent vos condisciples, Messieurs les internes ; et nous remplacerons ainsi, d'une manière à peu près définitive, un vin que je me contenterai d'appeler... *médiocre*, par une boisson agréable aux malades et aussi salubre qu'économique.

SEPTIÈME LEÇON.

CAUSES DU DISCRÉDIT DONT LE CIDRE EST L'OBJET.

SOMMAIRE. — Adversaires du cidre; presque tous les médecins de Paris. — Riolan attaque le *Traité du sidre* de Paulmier; son retour à résipiscence. — Mauvais échantillons offerts aux étrangers. — Conversion du professeur Peter. — Défaut d'indépendance en province. — Le cidre réputé préjudiciable aux malades et convalescents, dans toutes les affections, quelles qu'elles puissent être. — Les Normands semblent avoir honte de produire leur cidre. — L'usage du cidre absolument interdit dans tous les buffets de chemins de fer en Normandie. — Commencement de réaction.

MESSIEURS,

Nous venons de voir ce qu'est le cidre bien préparé et bien conservé. En considérant sa constitution chimique et son action sur l'ensemble de l'organisme, nous avons trouvé de puissantes raisons de le préconiser comme une boisson bienfaisante, saine, agréable : comment donc expliquer qu'il soit frappé d'un tel discrédit auprès des étrangers et qu'il jouisse même d'aussi peu de faveur dans son propre pays d'origine ?

Les causes sont nombreuses et très-diverses ; un examen rapide aura son utilité et son intérêt.

Confessons tout d'abord que nous comptons parmi les adversaires du cidre des hommes d'une très-haute autorité scientifique. Leur opinion, malgré une incompétence notoire, a exercé une influence dont nous ressentons encore tous les jours les effets.

Lorsque Paulmier fit paraître son fameux *Traité du sidre*, de vives protestations ne tardèrent pas à se produire dans le corps médical ; — et je ne parle pas ici de ces attaques envieuses et mesquines qui surgissent trop souvent, surtout

en province, autour de toute œuvre conscien-
cieuse; — le grave Riolan lui-même, dont vos
études anatomiques vous ont rendu le nom fa-
milier, crut le sujet digne de son attention, et
dans quelques pages où le latin ne donne que
plus d'énergie à sa pensée, il dressa un véritable réquisitoire contre le cidre, l'accusant surtout de produire la fièvre blanche : *febrem
albam !!* Que voulait-il dire par cette *fièvre
blanche ?* Le savait-il bien lui-même ?... Toujours
est-il que, se fondant plus tard sur une expérience directe et personnelle, dont Paulmier
s'était empressé de lui fournir des *éléments* de
bon aloi, il revint sur cette première appréciation et avoua son erreur. — Depuis cette
époque, les attaques n'ont pas cependant discon-
tinué et le cidre a été à peu près constamment
condamné par la plupart de nos confrères de la
Faculté de Paris. — Ils considèrent le cidre
comme une boisson trop aqueuse, sans principe
alcoolique suffisant, froide à l'estomac, acide,

et par conséquent déterminant des troubles digestifs et des gastralgies! — Vous avez vu dans
notre dernière conférence ce qu'il faut en penser.

Beaucoup de nos confrères, Messieurs, ap-
précient le cidre par les spécimens que leur
offrent les hôtels dans leurs excursions à travers
la Normandie. Aussi, je me hâte de rendre justice à leur bonne foi et à la justesse relative de
leurs appréciations. J'ajoute même franchement
qu'ils en disent peut-être moins de mal que nous
n'en pensons vous et moi. Jugeant sur de pareils
échantillons, ils ont bien quelque peu raison. —
S'ils savaient de quoi se compose et comment
se fabrique la drogue qu'on leur fait boire pour
du cidre !

J'ai eu dernièrement l'honneur de recevoir un
de nos maîtres de l'École de Paris, M. le docteur
Peter, clinicien aussi distingué, vous le savez,
que professeur disert, mais adversaire déterminé
du cidre. — Celui que je lui versai, conservé

comme je vous l'indiquerai plus tard, lui parut une boisson tellement bonne qu'il ne voulut boire que cela jusqu'à la fin du repas, même au dessert; et, nouveau Riolan, il fit séance tenante une solennelle rétractation dont il m'a autorisé à vous faire la publique confidence.

S'il m'était donné de me servir des mêmes arguments vis-à-vis de ses collègues et autres confrères calomniant le cidre, je pourrais, je crois, répondre d'une conversion non moins complète (1).

Mais en attendant, Messieurs, ce discrédit du cidre dans l'opinion de nos maîtres a eu, je le répète, des conséquences regrettables, beaucoup plus graves que vous ne vous l'imaginez peut-être; vous le comprendrez aisément.

(1) Au nom de M. le Dr Peter, je pourrais ajouter celui des Drs Léon Labbé, Tillaux, de Saint-Germain, chirurgiens des hôpitaux de Paris, du Dr Brouardel, professeur à la Faculté de médecine de Paris et de plusieurs autres praticiens célèbres.

En fait d'art et de science, pour les choses
les plus simples et les plus à notre portée,
comme pour les plus délicates et les plus difficiles, pour tout enfin, nous prenons le mot
d'ordre à Paris. Sur bien des points, sans aucun
doute, nous avons raison, et vous savez, Messieurs, que dans ma bouche, ce langage ne
saurait être suspect. Nul n'admire plus que moi
les grands travaux, les progrès merveilleux dus
à l'initiative hardie, au génie de nos savants, de
nos grands maîtres de Paris; nul ne proclame
plus haut l'habileté, l'incontestable supériorité
de ses médecins, de ses chirurgiens, et souvent
je vous cite comme modèles des noms qui ne
sont pas étrangers à notre École de Caen. —
Mais au nom de l'expérience et du bon sens, il
faut savoir aussi protester contre une soumission
aveugle en toutes choses; il est des points sur
lesquels nous devons réclamer une indépendance
complète d'appréciation. Il y a, en effet, des
choses pour lesquelles nous sommes placés pour

mieux voir, pour mieux observer, pour mieux connaître ; conserver le libre examen en pareil cas n'est pas une prétention déplacée, et combattre une erreur que l'on sait reposer sur des observations incomplètes et vicieuses est plus qu'un droit, c'est un devoir.

Certes, ce n'est pas que je m'abuse sur la portée de cette résistance légitime ! Que peuvent, en effet, quelques protestations isolées contre cette tendance générale à accepter tout les yeux fermés ? Mais je ne saurais m'habituer, sans protester, au spectacle que j'ai tous les jours sous les yeux. Nos maîtres de Paris qui ne connaissent pas le cidre, le vrai cidre, le proscrivent sévèrement et ordonnent le vin ; et nous Normands, soumis par habitude, et par une sorte d'engourdissement d'esprit à l'exemple donné, obéissant comme à un ordre indiscutable, nous proscrivons aussi le cidre ! Sur nos conseils, à nous, nos malades laissent dans leurs caves une boisson excellente, et pour réparer leurs forces

épuisées vont au cabaret voisin acheter, moyen-
nant deux francs, un litre de teinture qui n'a du
vin que la couleur !

Ainsi, nous qui plantons nos pommiers, qui
pressurons leurs fruits, nous allons demander
aux Parisiens, dont la plupart, je le répète,
n'ont jamais goûté au pur jus de la pomme, nous
allons leur demander sérieusement ce qu'il faut
penser du cidre !

Une réaction intelligente, je le sais, paraît se
produire depuis plusieurs années. — Parmi les
quelques générations d'élèves que j'ai vues vous
précéder ici, il en est bien peu qui n'aient secoué
le joug de la vieille tradition classique et qui, s'en
rapportant décidément à leur bon sens, à leur
expérience personnelle, ne proclament hautement la supériorité du cidre sur les vins que la
plupart de leurs clients peuvent se procurer.

Mais il faut reconnaître que cette réforme ne
fait guère que commencer. *On ne doit point boire*

du cidre quand on est malade, tel est l'adage élevé
à la hauteur d'un principe d'hygiène, et tellement respecté, que non-seulement cette boisson
est proscrite dans les cas où il y a de la fièvre,
mais qu'on la refuse même impitoyablement dans
les affections chroniques et les convalescences. —
Je n'exagère rien, Messieurs. Vous avez entendu
ces jours derniers, divers malades entrés dans le
service pour des affections de longue date, notamment pour des lésions articulaires, et auxquels j'ai demandé, avec intention, quelle était la
boisson dont ils faisaient usage. — Ce sont des
gens dans des conditions de fortune plus que
médiocres; il leur serait plus facile de se procurer de bon cidre que de mauvais vin. Cependant tous, sauf un seul, buvaient de l'*eau rougie*.
— Vous auriez pu croire que c'était par goût :
non ! bien au contraire; ils vous ont dit qu'ils
auraient préféré le cidre, mais que cette eau
rougie leur avait été conseillée. Le cinquième
malade faisant exception, vous vous le rappelez,

ne buvait pas de vin, tout simplement parce qu'il n'avait pu s'en procurer ; mais on n'avait pas manqué de le lui ordonner.

Il n'est pas rare, dans certaines affections fébriles, lorsque les malades sont tourmentés par une soif que rien n'apaise, il n'est pas rare de les voir se hasarder à implorer comme une faveur inespérée, un peu de cidre coupé d'eau. — Si vous leur octroyez cette espèce de limonade extrêmement rafraîchissante, très-agréable en somme et absolument inoffensive, c'est alors une stupéfaction générale parmi les assistants ; le malade lui-même n'en croit pas ses oreilles ; la garde-malade est consternée et à moins que vous ne jouissiez parmi l'entourage d'une très-grande autorité, vous pouvez être sûrs, quand vous aurez le dos tourné, que le pauvre patient ne profitera guère de la permission que vous venez de lui accorder.

Quoi qu'il en soit, Messieurs, si nous n'avions

à combattre que l'espèce de terreur qu'inspire le cidre quand il s'agit de malades, on pourrait espérer que le temps, la réflexion, l'expérience, finiraient par triompher complètement un jour ou l'autre de cette espèce de *cidrophobie.* — Mais les cidrophobes trouvent dans nos compatriotes bas-normands eux-mêmes, des complices singulièrement actifs et déterminés. Ceux-ci d'ordinaire si prudents, si avisés, si alertes, quand leurs intérêts sont en jeu, semblent avoir pris à tâche de déprécier un produit qui constitue cependant pour eux une inestimable ressource. Ils ne négligent rien pour en dégoûter tout le monde. On croit rêver quand on examine à ce point de vue leurs habitudes, leur manière de faire, leurs préjugés; il faut véritablement les voir à l'œuvre pour s'en faire une idée.

Rien n'étonne plus l'étranger, l'homme du Midi, que de voir son hôte Normand lui verser des vins de toute provenance et ne pas lui offrir

6

de cidre. On ne consentira même à lui en faire goûter que s'il insiste, et à titre de simple curiosité. S'il demande du cidre en bouteille, dix-neuf fois sur vingt, on avouera qu'on ne peut lui en fournir. — Voyez ces fameux dîners qui font à certaines villes normandes une célébrité trop justifiée ; vous savez comment ils sont servis ! C'est une profusion toute pantagruélique ! Rien n'y manque ; rien, si ce n'est le cidre ! Il n'est pas un maître de maison, ayant quelque souci de sa table et des convenances, qui voulût placer une carafe de cidre au milieu de ses invités ; et passerait irrévocablement pour un rustre celui qui, manifestant sa prédilection pour ce liquide de mauvais ton, se hasarderait à en demander un verre ! — Voilà où nous en sommes arrivés dans le propre pays du cidre !

Je permets à ceux d'entre vous qui sont étrangers à la Normandie et peu au courant des usages du pays, de ne pas me croire sur parole. Mais il est un autre fait tout aussi irrationnel, tout aussi invraisemblable et que vous êtes à portée de vérifier tous les jours.

La ligne du chemin de fer de l'Ouest, depuis Évreux jusqu'à Cherbourg, traverse le pays où l'on boit les cidres les meilleurs, les plus variés comme force et comme saveur. Or, sur tout ce parcours de près de 300 kilomètres, il n'est pas un buffet où le voyageur trouve à boire du cidre, fût-ce au poids de l'or; on n'en vend pas même dans les buvettes, espèces de petits cabarets adjoints aux buffets. On n'en trouve pas au buffet de Mézidon, centre du Pays-d'Auge; on n'en trouve pas au buffet de Caen; on n'en trouve pas dans ce petit *bouchon* de la gare de Lison, près St-Lo, où cependant le père C... a fait sa fortune depuis l'ouverture de la ligne ! — Vous y rencontrerez la bière d'Allemagne, la bière Anglaise, le *pale ale ;* vous y trouverez surtout les fameux carafons de vin, objet d'aigres réminiscences comme goût

et comme prix, mais de cidre, point ! pas un
verre (1) !

Et les bons Normands n'ont point réclamé, ils
ne réclameront même pas; et cela durerait éter-
nellement si la Compagnie de l'Ouest, vraiment
plus soucieuse de leurs intérêts qu'eux-mêmes,
n'imposait un terme, un jour ou l'autre, à une
spéculation déplorable et trop facile à deviner,
en forçant ses *buffetiers* à tenir la boisson usitée
dans les contrées que traversent ses lignes. L'extrême sollicitude dont est animé, pour toutes les
améliorations possibles, l'homme éminent qui la
dirige, nous est un sûr garant que cette singulière
anomalie disparaîtrait aussitôt qu'elle lui serait

(1) A Coutances, il n'y a pas de buffet ; mais on trouve
sur le quai une femme du pays qui expose, sur un petit étal,
du vin, de la bière, du sirop de groseilles ; de la grenadine,
du kirsch, de la chartreuse, du cassis, de la limonade,...
tout, excepté du cidre. Et si vous lui demandez pourquoi
elle n'en a pas, elle vous répond avec aplomb : « il ne vaut
rien par ici ! » — et nous sommes en plein Cotentin, le
pays qui boit le meilleur cidre de toute la Normandie !

signalée. — Ne trouverait-on pas étrange qu'on
ne vendît pas de vin sur la ligne de Mâcon ! et
vous imaginez vous les réclamations des Gascons
qui ne trouveraient que du cidre aux buffets de
Toulouse ou de Bordeaux !

Il est vrai que si les voyageurs ne peuvent s'en
procurer aux buffets, en revanche on leur en
verse à discrétion dans tous les hôtels. — Mais
plût au ciel qu'il n'en fût pas ainsi. Rien, en
effet, n'a plus contribué au discrédit du cidre
que cette prétendue générosité des hôteliers.
A quelques exceptions près, ils s'arrangent de
façon à vous présenter comme cidre une boisson
tellement détestable que, à peine vos lèvres
trempées, vous vous décidez à demander du vin.
Leur but est atteint ; ils n'ont pas d'autre ambition. Et nous y sommes tellement habitués que
nous-mêmes, gens du pays, nous trouvons la
chose toute naturelle !

Ces préventions, ces vieilles coutumes sont

entrées dans nos mœurs, et il serait téméraire
d'espérer les voir disparaître de sitôt. En effet,
elles ont pour elles la consécration des siècles et
surtout elles trouvent leur explication, au moins
en partie, dans certains abus qu'il me reste à
vous signaler et que je considère comme d'autant plus graves qu'ils touchent à la nature même
du cidre, à sa fabrication, à sa conservation. Il
n'est peut-être pas une industrie aussi profondément négligée, aussi complètement abandon-
née à l'empire aveugle de la routine. Aucune
règle, aucune méthode, aucun procédé scientifique! Chacun agit suivant son caprice ou fait
comme faisait son père. La manière de pro-
céder varie d'une commune à l'autre, et les
pratiques les moins rationnelles sont celles qui
rencontrent le plus universel crédit.

Je me bornerai, dans notre prochaine réunion,
à vous signaler les principales, afin que vous
puissiez les combattre en connaissance de cause;

nul ne sera mieux placé pour faire appel à la raison et à l'expérience. Mais ne vous abusez pas sur l'étendue et la rapidité des résultats ; — vous ferez toucher du doigt l'erreur ; votre langage aura la netteté de la science, la clarté de la vérité même, et vous croirez enfin avoir persuadé, avoir triomphé ! — pure illusion de jeunesse, et que vous perdrez tôt, avec beaucoup d'autres !

HUITIÈME LEÇON.

VICES DANS LA PRÉPARATION ET LA CONSERVATION DU CIDRE.

Sommaire. — Pommes ; négligences dans le choix des espèces. — Leur nombre devrait être considérablement réduit. — Nécessité de répartir les espèces de pommiers suivant leur époque de floraison. — Sages pratiques de nos pères. — Triage des pommes. — Les pommes *pourries ;* elles devraient être absolument rejetées. — Utilité de placer les pommes à l'abri des intempéries. — Usage d'eaux croupissantes et infectes pour couper le cidre. — Le cidre conservé dans des vaisseaux trop petits. — Absence de toute précaution pour s'opposer à l'acidification. — Influence d'une couche

d'huile répandue à la surface d'un vaisseau en
vidange. — Critiques méritées.

MESSIEURS,

Choisir de bonnes pommes, en extraire le
jus au moment opportun, placer ce jus dans
des conditions favorables à sa fermentation et
à sa transformation en cidre est un problème
qui paraît être assez simple et ne pas exiger
une science bien profonde; un peu de réflexion
et de bon sens sembleraient suffire ; — et
cependant je vous disais qu'il n'y a peut-être
pas une industrie qui laisse autant à désirer. —
On fait mal ce qu'il est trop facile de faire
bien;— et si paradoxale que puisse vous paraître
cette proposition, je n'en persiste pas moins à
croire que, si pour extraire le cidre de la
pomme, il fallait autant de soins, autant de
précautions, autant de manipulations délicates
qu'il en faut pour extraire le sucre de la

betterave, nous aurions toujours du cidre préparé d'une manière irréprochable.

Certaines pratiques ne sont que défectueuses et n'altèrent que la qualité ; d'autres sont malsaines et donnent au cidre des propriétés nuisibles. L'hygiène se trouve donc directement intéressée ; il est de notre devoir d'intervenir.

Je ne voudrais pas que les quelques mots par lesquels j'essayais, en terminant ma dernière conférence, de vous prémunir contre des illusions bien naturelles à votre âge vous fissent perdre courage et vous enlevassent tout espoir d'influence. Sans doute, si vous attaquez les habitudes routinières de nos compatriotes au nom de la science, au nom des règles de l'hygiène, ils ne vous prêteront qu'une oreille distraite ; leur santé peut être compromise, leur vie même ; qu'importe ! — Mais il est une corde sensible que vous ne toucherez pas en vain. Le phylloxera fait des progrès terribles ;

des départements entiers voient leurs vignobles dévastés, ruinés ; les vins qu'ils fournissaient sont remplacés par des produits frelatés dont le consommateur se dégoûte de plus en plus. De ce côté s'ouvre un horizon sans limites ; on fera appel au pays qui produit le cidre pour combler le vide qui s'accentue chaque jour ; on viendra à nous ; — mais à une condition pourtant : c'est que, pour faire tomber les préventions qui éloignent encore les étrangers, nous nous dépouillerons nous-mêmes des préjugés qui portent une atteinte si grave à la réputation et à la nature même de nos produits.

Examinons les négligences les plus communes et les plus graves. Notre rôle n'est point d'enseigner l'art de préparer le cidre : les intérêts de l'hygiène déterminent les limites de notre intervention. — Du reste, indiquer les abus, faire comprendre leurs conséquences, n'est-ce

point, en quelque sorte, tracer la voie à suivre
et préparer indirectement le succès ?

La pomme nous occupera d'abord, ensuite le
jus qu'elle fournit, le cidre lui-même.

A.— Pommes. — Dans toutes les industries
possibles, on se préoccupe avant tout de la
matière première : plus celle-ci laisse à désirer,
plus le produit doit être défectueux. Or, parmi
nos propriétaires Bas-Normands, combien en
est-il qui connaissent exactement le nom des
espèces de pommiers qui croissent dans leur
champ. Nul choix, en général, ne préside à leur
plantation. Le hasard le plus souvent en fait
tous les frais ; de là le nombre énorme d'espèces
de pommes que l'on compte en Normandie,
quasi incompréhensible, comme dit Paulmier,
et dont M. Truelle, pharmacien à Trouville, a
fait, dans sa thèse inaugurale, une si intéressante étude. — Une vingtaine d'espèces suffi-
raient, au point de vue de la qualité et du

rendement lui-même ; le reste devrait être condamné à disparaître. — Il en resterait assez, pour répartir en proportions convenables, les variétés qui fleurissent aux diverses périodes du printemps, depuis le mois d'avril jusqu'au mois de juin ; seul moyen rationnel de combattre avec succès les influences atmosphériques qui, sans cette répartition calculée, peuvent détruire dans une nuit tout l'espoir d'une année.

Le choix des terrains, suivant les espèces, l'exposition, les transplantations d'une contrée dans une autre, l'hérédité, l'influence du *milieu* dont vous pouvez tous les jours apprécier l'énergique empreinte sur tout ce qui vit, plante ou animal, tous ces puissants modificateurs sont absolument négligés. — On sait, par exemple, que les cidres du Pays-d'Auge sont lourds, épais, très-forts; tandis que certains cidres du Cotentin sont trop légers ; mais nul ne s'avise de faire des échanges, en vertu desquels ce-

pendant le pommier du Pays-d'Auge, transporté
dans le Cotentin, apporterait aux cidres de ce
pays certaines qualités qui leur manquent ;
tandis que le pommier du Cotentin, également
modifié par sa transplantation, donnerait, dans
le Pays-d'Auge, un cidre exempt des défauts
qu'on lui reproche aujourd'hui.

Ce ne sont pas là de simples idées théoriques,
Messieurs ; des expériences analogues ont été
faites, vous le savez, avec plein succès, pour
d'autres plantes agricoles, je pourrais dire
même pour certaines espèces animales. Mais
nous attendrons longtemps encore ces résultats.

Cette incurie, cet abandon des préceptes,
les plus élémentaires, sont d'autant plus éton-
nants, qu'il y a trois cents ans, nos pères,
cultivant avec un soin jaloux l'arbre dont ils
venaient d'apprendre à utiliser les merveilleux
produits, nous préparaient déjà la voie, et nous
signalaient non-seulement les meilleures espèces,

mais encore les endroits qui leur conviennent le mieux.

Le docteur Paulmier, notre célèbre confrère d'il y a trois siècles, savait, à point nommé, à quelle contrée il fallait s'adresser pour obtenir du cidre fort ou léger, clair ou épais, amer ou gracieux.

« Le terrain, dit-il, fait autant à la force et « vertu des sidres que des vins. Le Pays-d'Auge « les fait puissants et vertueux, mais pour la « plupart espais, grossiers et mal clarifiez. — « Les meilleurs sidres de la Normandie se trou- « vent en Cotentin. Il est si clair et si tran- « sparent, qu'on verrait un ciron dedans, il « estincelle fort au voirre et est prêt à boire « deux ou trois mois après sa presse (1). »

___

(1) « Il est clair, subtil et apéritif comme vin blanc, sans « toutes fois offenser le cerveau par ses vapeurs et sans trop « eschauffer le foye, encores qu'on le boyve sans eau. Il est

Quant à la *diversité des sidres de la diversité des pommes*, il consacre à cette étude près du quart de son volume, indiquant non-seulement le genre de cidre que donnera telle espèce de pommes, mais faisant connaître en même temps l'endroit où cette espèce est la meilleure, et jusqu'au nom du propriétaire chez lequel on peut se procurer de bonnes greffes. — Combien

« fort salutaire pour tout homme de lettres et d'estat et qui « vit en repos..... ! »

Les terres légères, sablonneuses, surtout celles qui avoisinent la mer, donnent un cidre *maigre* et qui se conserve peu, mais très-agréable en bouteille la première année. Il a peu de couleur, renferme une proportion minime d'alcool ; aussi l'ai-je entendu souvent appeler dans le pays cidre de *millegreux*, nom vulgaire d'une espèce de plante à tige sèche, glabre, rigide, très-piquante, et qui vient sur les dunes sablonneuses du rivage en assez grande abondance pour abriter le gibier, surtout les lièvres.

(Ce nom de *millegreux* ne vient-il pas du mot normand *mielle*, par lequel on designe les terrains vagues compris entre le bord de la mer et les terres cultivées, et du verbe anglais *to grow*, croître ; *qui croît dans les mielles ?*)

d'agriculteurs aujourd'hui seraient aptes à donner de pareils renseignements.

A l'époque où la fabrication du cidre s'introduisit dans notre pays, cette préoccupation du choix des espèces était générale (1). — Le

(1) « ...Ils ont devers Pont-au-de-Mer, nous dit Paulmier, « de l'excellent sidre Muscadet, qui fait honte aux meilleurs « vins. Le sieur de Launay le Bitus et le sieur du Mesnil, « ont de ceste espèce de pommes. La pomme est petite « et douce. On estime Espice, Mascadet, Ameret, Escarlatin, « qui sont les meilleures espèces de sidre que nature ait « fait cognoistre à ceux de ceste nation.....

« Chez le sieur Montagu des Bois, à trois lieuës de Cous- « tances, on trouve des pommiers de *Doux-Auvesque*; ils « sont bas et estendus, et peuvent estre offensez en leurs « boutons; mais la fleur venue, on se peut asseurer qu'ils « auront des pommes. La pomme est de la grosseur d'une « moyenne orange, blanche, rouge d'un *costé*, douce et « tendre, preste à cueillir sur la fin du mois d'aoust. Le « sidre en est doux et fort bon, et se garde deux ans.....

« Marin-Onfray. — Le pommier est de fort beau bois, et « touffu, plus large que haut, fort chargé de branches et si « épais, qu'il se défend fort bien contre toute injure du « temps; il fleurit des premiers et rapporte de deux ans en

vieux manuscrit auquel nous avons déjà emprunté d'intéressants détails, le manuscrit du sire
de Gouberville qui plantait quelques années
avant le temps où écrivait Paulmier, est plein de
détails curieux sur ce point. — Il demande à ses
voisins, à ses amis, à tout le monde quelles sont
les espèces les meilleures ; il s'informe du lieu
où on les trouve, et ne recule devant aucun sa-
crifice pour s'en procurer. — Il sait la préférence
que le grand roi François a donnée au cidre des

« deux ans ; la pomme est ronde et rouge d'un costé ; le
« sidre est clair et transparent, mais il se doit boire la
• première année, autrement il devient sûr, plus toutes fois
« *en un terroir qu'en l'autre.....*

• Pomme-de-Suye est une pomme fort sèche et si amère
« que les pourceaux n'en peuvent pas seulement gouster ;
• on en tire fort peu de jus, qui est si épais et si visqueux,
« si on le tire sans eau, qu'il n'est prêt à boire que la
« seconde année, et lors il est excellent ; on en trouvera
« d'excellentes greffes chez le sieur de St-Martin, chirurgien,
« près Bricquebec en Costentin. »

Cette espèce de pommes se rencontre encore aujourd'hui
en assez grande quantité dans les plants d'une commune
voisine, à Surtainville.

pommes d'Espices, à Morsalines; il lui en faut
absolument des greffes. Mais il n'envoie pas le
premier venu en chercher : c'est le *vicaire* de
la paroisse lui-même auquel est confiée cette
grave mission.

Si cette bonne tradition s'est généralement
perdue, il est une autre pratique excellente dont
nos ancêtres nous avaient aussi donné l'exemple,
et que nous avons non moins oubliée.

Toutes les pommes ne mûrissent pas en même
temps. Il est certaines espèces qui sont mûres en
octobre, d'autres vers décembre, les autres au
mois de janvier. Or, s'il est vrai (ce qui devrait
être admis sans hésitation, mais ce que nous
serons obligé de démontrer scientifiquement, en
présence de contestations obstinées) s'il est vrai,
dis-je, que le moment où la pomme donne le
meilleur jus est celui où elle atteint sa pleine
maturité, il est assurément indispensable qu'un
triage soit fait entre les diverses espèces, de ma-

nière à pressurer chaque catégorie à sa période de maturation. Cette précaution paraît élémentaire. Cependant, excepté les *quêtines* (1), ces pommes qui, pour une cause ou pour une autre, tombent prématurément en septembre, et qu'un assez grand nombre de propriétaires mettent à part, les diverses espèces de pommes, que leur maturation soit hâtive ou tardive, sont jetées le plus souvent au même tas et *pilées* pêle-mêle. Inutile d'insister sur les conséquences qui en découlent pour la qualité du cidre.

Il faut très-probablement voir dans cette promiscuité irréfléchie l'origine d'un préjugé très-généralement répandu et sur lequel il n'est pas facile de faire entendre raison à la plupart de nos compatriotes : — il faut, dit-on, pour faire de bon cidre, attendre qu'une assez forte proportion

---

(1) *Quêtines* vient probablement du mot *cadere, tomber.* Dans les villages de La Hague, on dit d'un homme qui tombe par terre, il est *quêt.*

des pommes soit *pourrie*. — L'immense majorité des cultivateurs vous affirmeront que le cidre n'est bon qu'à cette condition ; ils varieront quant au chiffre : la plupart indiquent le quart. — En effet, Messieurs, l'accumulation de toutes les espèces de pommes en un seul tas étant admise, cette opinion serait en quelque sorte rationnelle. Dans le monceau de pommes dont les unes sont mûres en octobre, tandis que les autres ne sont dans leur prise qu'en janvier, il faut bien qu'on adoptent un terme moyen pour que la plupart de ces pommes soient arrivées à maturité. Par conséquent, les premières, les plus hâtives, sont en état de complète décomposition, en un mot, *pourries*, tandis que les tardives commencent à peine à mûrir.

Or, voyons à l'endroit de la pomme pourrie ce que nous dit l'observation scientifique.

Vous savez, Messieurs, que la matière sucrée, renfermée dans les pommes, est la source de

l'alcool qui se développe dans le cidre ; c'est à
cette matière sucrée, par conséquent, que le
cidre doit son plus ou moins de force ; pas de
matière sucrée, partant pas de fermentation
alcoolique, pas de cidre, mais une eau jaunâtre,
fade, sans saveur aucune. Ce fait n'est pas con-
testable, et d'ailleurs il n'est pas contesté. Il en
résulte donc que le point essentiel dans la fabrication du cidre, c'est de saisir le moment où
la pomme contient la plus forte quantité de
sucre. — Eh bien ! voici ce que répond l'analyse
chimique.

On prend trois pommes du même pommier :
l'une est analysée avant qu'elle ne soit mûre,
— l'autre à son état de maturité complète, — la
troisième lorsqu'elle est *pourrie :*

Sucre fourni par la pomme verte. . 6 °/₀

Sucre id. par la pomme bien mûre. 12 °/₀

Sucre fourni par la pomme pourrie, *à peine des traces.*

Et, vous le savez, Messieurs, la balance du chimiste n'a pas de complaisances; elle n'a pas de parti pris; son langage est celui de la stricte exactitude. Est-il, croyez-vous, assez clair, dans la question qui nous occupe?

Vous pourrez donc dire aux trop nombreux partisans des pommes pourries : Pressurez vos pommes en pleine maturité; coupez votre cidre de *moitié* d'eau, si vous voulez, et il contiendra encore autant d'alcool, il sera aussi fort que le cidre *pur* extrait de vos pommes non mûres ; *quant à votre cidre de pommes pourries, ce n'est guère que de l'eau jaunâtre.*

Les hommes de bon sens vous comprendront, vous croiront, et, en gens qui entendent leurs intérêts, ils en tireront cette conséquence pratique et vraiment toute simple, c'est qu'il faut trier les pommes suivant leurs espèces, de

manière à ne pas pressurer en même temps,
d'une part, des pommes vertes qui contiennent
à peine la moitié du sucre et par conséquent de
l'alcool qu'elles renfermeraient plus tard ; et,
d'autre part, des pommes pourries qui ont à
peu près tout perdu.

Ici encore, Messieurs, nos pères, si ignorants,
si naïfs quand il s'agit de science, et qui en
fait de chimie ne connaissaient que les rêveries
des alchimistes, nous avaient montré l'exemple.
Écoutez plutôt comme Paulmier parlait, il y a
trois cents ans :

« Pour faire excellent sidre, les pommes ne
« doyvent estre pillées qu'elles ne soient en
« *parfaite maturité.* Celles qui ne sont que demig
« meures, font cidre petit et verd, encore
« qu'elles soyent douces.

« Il est bien requis que les pommes soyent
« bien meures et en bonne odeur, lors qu'on en
« tire le sidre, mais si serait-il plus tollérable

6*

« de les prendre au commencement de leur
« maturité que d'attendre qu'elles commencent
« à se pourrir et corrompre, parce que le sidre
« rend grande quantité de lie et en est plus
« faible et moins de garde, encore qu'il soit
« peu délicat (1). Il suffira donc d'avoir résolu
« que les pommes parvenues en bonne maturité

(1) On pourrait citer le passage en entier; il n'y a rien à retrancher :

« Or, les pommes meurissent en l'arbre, et le grenier
« où on les garde tant qu'elles soyent jaunes et odorifé-
« rantes. Combien que je confesse qu'il soit toujours meil-
« leur, qu'elles ayent leur saoûl de l'arbre, si la constitution
« de l'air et la saison le permettent; voire qu'elles tombent
« de soy-mesmes, si les pommiers sont tellement fermés et
« enclos de murailles, au fossez, que les pommes tombantes
« ne soient mangées par le bestial.

« On ne doit donc cueillir toutes sortes de pommes en
« même temps, mais chaque espèce en sa saison et meureté,
« plutost en beau temps et sec, de peur que l'humidité ne
« les corrompe et pourrisse au grenier; et si elles tombent
« de soy-même, on ne les doit recueillir pour porter au
« grenier, que le soleil n'ait donné dessus, ou pour le moins
« qu'elles ne soient sèches. On les doit aussi mettre en
« divers monceaux, *selon leurs espèces,* sur foire qui n'ait

« doivent être mises au pressoir, et pillées,
« chaque espèce séparée, si on veut avoir de
« bons et excellents sidres. »

Comment avons-nous oublié ces prescriptions
si sages, si sensées? Comment en sommes-nous
venus à ces coutumes barbares quand nos pères

« aucun trou ou parce qu'elles tireraient promptement à soy
« le vice du lieu ou du foirre sur lequel seront gardées.
  « C'est donc une *régle générale*, que les pommes sont
« prestes à sidrer lorsqu'elles sont en leur perfection d'odeur
« et de maturité. Si on attend davantage, on en trouve
« grand nombre de *pourries*, qui rendent le sidre plus *débile*,
« plus *aqueux* et plus *enclin au vice de sureur.*
  « Il est bien requis que les pommes soyent bien meures et
« en bonne odeur, lorsqu'on en tire le sidre, mais ne serait-il
« pas tolérable de les prendre au commencement de leur
« maturité, que d'attendre qu'elles commencent de se pourrir
« et corrompre parce que le sidre rend grande quantité de
« lie, et en est plus faible et moins de garde ; encores qu'il
« soit peu délicat.
  « Tout bon mesnager cognoist par longue expérience le
« temps et la saison de la maturité et cueillette de chaque
« espèce de ses pommes, sans qu'il ait besoin d'en être
« enseigné. »

agissaient si intelligemment ? Car il ne faudrait
pas croire que ces règles, tracées par Paulmier,
ne fussent pas entrées dans le domaine de la
pratique. Elles ne font qu'ériger en préceptes,
ce qui se faisait alors. Nous en trouvons la
preuve dans le vieux manuscrit du sieur de
Gouberville ; — nous y lisons qu'il triait ses
pommes, qu'il les pressurait à diverses époques
suivant les espèces et que les pommes pourries
étaient impitoyablement rejetées.

Il avait aussi grand soin de placer ses
pommes à l'abri. — La plupart du temps on
les met aujourd'hui sans précaution dans un
coin d'herbage voisin du pressoir, exposées à
l'eau, à la gelée, à toutes les intempéries.
En supposant même que le cidre ne dût
en ressentir aucune influence fâcheuse, l'altération causée par l'action souvent renouvelée de la pluie sur les pommes, occasionne
un préjudice considérable. — Vous connaissez

l'expérience qui consiste à faire macérer pendant quelque temps une pomme dans un verre d'eau. Si l'on analyse le liquide, on découvre que la plus grande partie du sucre de la pomme a passé dans cette eau. — La pomme fournira autant *de jus* au pressoir, mais un jus dépouillé d'une partie de son sucre sans lequel il n'y a pas d'alcool, sans lequel il n'y a pas de bon cidre.

Je vous l'ai dit, nous ne pouvons entrer dans tous les détails de la fabrication du cidre, et nous ne devons avoir en vue que les pratiques qui intéressent l'hygiène. Passons donc sur certaines autres négligences secondaires. Mais il est un abus grave que nous rencontrons fréquemment, dans le Bessin surtout, et qui doit être sévèrement condamné.

Nous savons, quoi qu'en disent ceux qui ne le connaissent pas, que le cidre est quelquefois très-alcoolique, beaucoup plus que certains vins. Un grand nombre de personnes ne l'aiment pas pur et le boivent mêlé à l'eau dans des proportions variables ; celles qui boivent beaucoup en mangeant se griseraient infailliblement sans cette précaution. Or, cette addition d'eau donne une boisson beaucoup plus agréable, tout le monde le sait, lorsqu'elle est faite au moment même où l'on brasse le cidre. — On ajoute, et je crois cette opinion exacte, que l'eau de pluie, l'eau de rivière, ainsi ajoutée au moment du pressurage, est préférable à celle des puits et fontaines, ce qui tient sans doute à la très-forte proportion de sels calcaires que celle-ci renferme souvent dans notre pays.

Mais, comme il arrive en toutes choses, on est parti de ce point de vue juste pour tomber dans des exagérations difficiles à croire. — Beaucoup de nos cultivateurs sont convaincus que la fermentation décompose et anéantit toutes les substances qui pourraient être nuisibles ou même simplement désagréables, détruit en un mot toutes les impuretés. Quand le cidre a *bouilli,* y eût-on versé préalablement une forte solution de sulfate de strychnine qu'ils en boiraient sans crainte d'être empoisonnés. — Forts de cette conviction, l'eau de pluie, les eaux de rivières, propres et limpides, sont à leurs yeux trop semblables à l'eau de puits ; il y a dans le coin de la cour une mare qui reçoit une partie du jus du fumier, une mare où grouillent toutes les espèces animales de la basse-cour. Cette eau, espèce de *purin,* est fortement foncée en couleur, elle est légèrement onctueuse ; deux conditions singulièrement appréciées, et on s'empresse d'y puiser. Elle exhale bien une odeur un peu forte, il est vrai ; mais quand le cidre aura *bouilli !.....* — Et vous êtes surpris, Messieurs, que le cidre trouve des détracteurs ! — Nous devons malheureusement convenir que cet infect mélange est moins rare que vous ne pouvez le supposer. Je pourrais citer des communes dans les environs d'Isigny où je l'ai vu pratiquer, des fermes dans lesquelles j'ai reconnu au cidre l'odeur de la mare noirâtre près de laquelle je venais de passer.

Cela fait le cidre plus *gracieux ;* c'est l'explication que l'on me donnait l'autre jour près de la gare d'Audrieu où, pendant qu'il pleuvait à torrents, je voyais des bonnes gens qui fabriquaient du cidre, barrer le ruisseau et verser sur les pommes écrasées l'eau blanchâtre et boueuse qui coulait de la route !!! Voilà les vrais détracteurs du cidre ; voilà nos pires ennemis.

Si la fabrication du cidre est généralement si négligée, les procédés de *conservation* appelleraient aussi de sérieuses modifications.

Un jour viendra peut-être où nous traiterons le bon cidre avec autant de déférence que le mauvais vin, et ce jour-là seulement nous le boirons dans toute sa perfection, avec toutes les qualités qu'il peut offrir. Mais en attendant, le consommateur, surtout en ville où les caves ne sont pas suffisantes, le place dans des vaisseaux trop petits. Il en résulte deux inconvénients ; le premier, c'est qu'à moins qu'il ne soit bu en peu de temps, il devient bientôt acide ; — le second, c'est que la provision doit être forcément renouvelée, plusieurs fois dans l'année. Or, vous saurez que le transvasement, le transport du cidre alors qu'il est complètement fermenté l'altèrent d'une façon très-sensible. Sous ce rapport il diffère essentiellement du vin. Le cidre ne voyage bien que lorsqu'il est doux. Plus tard, on ne peut transporter sans inconvénient que les cidres très-forts en alcool, et en les laissant dans le même fût. Il importerait donc que le vaisseau fût assez grand, de façon que l'approvisionnement pût être fait pour l'année entière au moment des vendanges. Sans prétendre comme Paulmier, que « tant plus le vaisseau est grand, tant plus le

« sidre est excellent » (1), nous pensons qu'il ne développe pas toutes ses qualités lorsque les tonneaux contiennent moins de six cents litres. Dans le Cotentin, leur contenance est en moyenne de huit cents litres, tandis qu'elle est de seize cents dans le Pays-d'Auge ; mais, avec cette capacité, ils le conservent presque aussi bien que les tonnes immenses que l'on rencontre dans certaines caves de cette dernière contrée.

On se préoccupe peu de l'orientation et de la

(1) « Or, tant plus le vaisseau est grand, tant plus le « cidre est excellent, tellement qu'on trouve en ceste pro- « vince des tonnes de trois et quatre cents muys. Et dit-on « que celle de la Houblonnière tient six cens cinquante muys « et plus », — deux cent vingt-sept mille litres !

La Houblonnière désignée ici par Paulmier et qui possédait cette gigantesque tonne, est sans doute cette vieille gentilhommière ou abbaye si coquettement placée avec sa chapelle, ses toits pointus, son colombier sur le flanc d'une colline en pente douce, près de laquelle passent, à gauche, les trains de Paris à Caen, quelques centaines de mètres après avoir franchi le tunnel de la Motte.

disposition des caves et des celliers. Les variations de températures dues, soit à l'exposition
au soleil, soit à la proximité des cuisines ou des
étables, ou bien encore à des fenêtres trop larges
par lesquelles pénètre une trop grande lumière,
exercent sur les phénomènes de la fermentation
et sur la conservation une influence à peine
soupçonnée. Nous verrons bientôt quelle est
l'action de la lumière.

Lorsque, pour l'usage de la consommation
journalière, la pièce est mise en perce, le cidre
subit alors des modifications plus ou moins
rapides, sous l'influence de la couche d'air
avec laquelle il se trouve en contact dans l'intérieur même du vaisseau. Il arrive très-souvent,
on peut dire même que c'est la règle, que
lorsque le fût reste très-longtemps en vidange,
la boisson excellente au début devient détestable
à la fin; les derniers tirages ne donnent guère
qu'une espèce de vinaigre. — Cette acidité ré-

sulte de la transformation de l'alcool en acide
acétique, transformation dont l'intervention de
l'air nous rend facilement compte.

Mettre le liquide à l'abri de l'air est un but
qu'il faudrait donc poursuivre par tous les
moyens possibles. — On n'y songe pas. Que
dis-je? ce moyen est trouvé, et le but est réellement atteint dans toute la mesure du possible.
Vous le trouverez indiqué avec beaucoup d'autres renseignements extrêmement utiles, dans
les publications faites sur le cidre, par notre
savant doyen de la Faculté des Sciences,
M. Morière, et M. Girardin, de Rouen. Ce
moyen consiste à verser dans le tonneau une
certaine quantité d'huile qui, se répandant en
nappe sur toute la surface du liquide, l'isole
complètement de l'oxigène de l'air. — Un ou
deux litres d'huile d'olives, ou même de colza
peuvent suffire. Le moyen est d'une exécution
simple, facile, peu coûteuse, à la portée de tous.
Aussi, est-il généralement..... négligé.

Je m'arrête (1), Messieurs. Cette énumération déjà longue des fautes et des négligences dont nous sommes chaque jour plus ou moins les

(1) Il est, dans les villes, une cause indirecte de l'altération des cidres à laquelle on ne songe pas assez, malgré la désastreuse influence qu'elle exerce; c'est l'exagération des droits que prélève le fisc.

Un hectolitre de cidre introduit dans Caen est frappé des taxes suivantes :

Acquit à caution.	0 fr. 50
Droit de circulation.	0 80
Droit de taxe unique.	1 96
Droit d'octroi.	1 » »
Timbre de la quittance.	0 10
Soit au total.	4 fr. 36

Ainsi, un tonneau qui contient habituellement 16 hectolitres paie, de la ferme qui le produit jusqu'à la cave qui le reçoit, la somme de 69 fr. 70. Or, le tonneau de cidre, le fort cidre du pays d'Auge, vaut, année moyenne, 250 fr. Le fisc prélève donc plus du quart de sa valeur.

C'est énorme; mais ce n'est pas tout. Il faut encore ajouter à ces chiffres, pour les débitants, le prix de la licence qui, avec le double décime et demi, est de 45 fr. par an. Pour les petits marchands qui ne débitent que quelques tonneaux par année, cette espèce de surtaxe n'est pas à

7

victimes est presque humiliante pour notre pays,
surtout quand on met en regard les soins intelligents et délicats dont les vins sont entourés,

négliger. — Les marchands en gros sont également assujettis
au paiement d'une licence qui, avec le double décime et
demi est de 125 fr.

Voilà les chiffres officiels, les chiffres qui peuvent être
connus et vérifiés. — Mais nous sommes encore loin de la
réalité. On peut dire qu'en mettant à part les familles qui
s'adressent directement au producteur, et c'est le bien petit
nombre, cet impôt, déjà si lourd, doit être au moins doublé.
La démonstration est facile.

Le marchand en gros, aussi bien que le débitant, auxquels
s'adressent la presque totalité des consommateurs, à ce
poids écrasant de la taxe trouvent un allègement très-
simple : d'un tonneau ils en font deux (Les cidres du pays
d'Auge supportent très-bien ce coupage et restent encore
plus forts que certains cidres de la Manche). Mais ces com-
merçants se gardent bien d'en faire bénéficier leurs clients ;
ils vendent ce mélange comme gros cidre ; de sorte que, tout
bien compté, le consommateur paie deux fois la taxe.

Ceci n'est qu'un vol et n'intéresse guère l'hygiène, bien
que le cidre ainsi coupé s'acidifie beaucoup plus rapidement.
Mais l'enchérissement du cidre produit par les exigences du
fisc amène un autre inconvénient, et celui-ci grave. Afin
de pouvoir allonger le cidre d'une plus grande quantité
d'eau, on y ajoute certaines compositions, certaines ma-

et nous devons faire le triste aveu que le traitement barbare que nous infligeons à notre boisson normande, justifie trop souvent et explique jusqu'à un certain point les « injures, détractions,

tières qui ne ressemblent que de loin, il est vrai, aux prodigieuses combinaisons des marchands de vin, mais dont la plupart peuvent cependant troubler les fonctions digestives. On fait même de toutes pièces une boisson qu'on appelle *petit cidre*, dans la fabrication de laquelle n'entre aucune substance toxique, ni même nuisible (pommes sèches, raisins, cassonnade, houblon, genièvre), mais qui ne rappelle le cidre que par sa couleur, une certaine saveur acide et n'a rien de ses propriétés réconfortantes et alibiles.—On échappe ainsi, au moins en partie, à la rapacité fiscale, mais on boit un liquide qui n'est ni naturel ni bienfaisant.

Aussi, n'y a-t-il rien d'étonnant à ce que la population ouvrière cherche un correctif à ces boissons dépressives dans les propriétés ultra-excitantes d'un liquide trop connu par ses ravages, l'*alcool*. — La Basse-Normandie en consomme une quantité énorme. Triste privilège ! de tous les départements, le Calvados est celui qui en absorbe le plus.

Pour notre ville, voici les chiffres.

En 1880, la consommation d'alcool, sous forme d'*eau-de-vie*, au degré ordinaire de 50°, représente une moyenne de

30 litres par habitant.

Cette moyenne est à peu près celle du vin (31 litres).

« et calomnies que les suppôts du vin ont peu
« desgorger à l'encontre de tout sidre, sans
« limitation aucune et sans restrinction. »

Répondons à ces *calomniateurs* et *vitupérateurs
éhontés*, comme les appelle le bon Paulmier,
par des procédés plus sages, plus rationnels.
J'essaierai donc, dans notre prochaine réunion,
de vous indiquer rapidement comment le cidre
doit être préparé et conservé, afin que, comme le
dit encore notre vieux confrère, « il soit si ex-
« cellent et si plaisant à boire qu'il n'y a vin
« qui lui cède si on y est accoustumé. »

En 1881, la moyenne d'eau-de-vie a encore augmenté,
elle s'est élevée à

33 litres par habitant.

Retranchons les enfants, presque toutes les femmes : tout
en laissant de côté ces eaux-de-vie, préparées instantanément
dans les petits *caboulots* pour les besoins de la consommation, avec certains ingrédients qui la mettent à 0,80 cent.
le litre, et sans même tenir compte de ce qui est introduit par
fraude malgré l'habileté et l'œil vigilant de mon ancien
condiciple et ami, M. A. Nicolle, nous arrivons à un chiffre
vraiment effrayant.

NEUVIÈME LEÇON.

PRÉCAUTIONS A PRENDRE DANS LA PRÉPARATION ET LA CONSERVATION DU CIDRE.

SOMMAIRE. — Le cidre doit être entouré des mêmes soins que le vin. — Le cidre supérieur à beaucoup de vins, même naturels. — Immense fabrication de vins sophistiqués, tous plus ou moins dangereux. — Ces vins doivent être rejetés. — Préparation du cidre ; triage des pommes. — Mélange de plusieurs variétés. — Triturage ; concasseur Berjot. — Addition d'eau. — Cidre préparé par lixiviation. — *Mise en tonneau.* — Extrême *impressionnabilité* du cidre. — Choix des fûts; de la cave. — Soutirage.

MESSIEURS,

A la fin de notre dernière conférence, en comparant le peu de précautions que nous prenons pour le cidre aux soins extraordinaires dont le vin est l'objet, témoins de tant d'indifférence devant tant de savoir faire, je vous disais que nous avions quelques raisons de nous sentir humiliés. Mais vous n'aurez vu dans cette expression que l'exagération même du sentiment pénible imposé par l'aveu de nos fautes. Je dirais presque au contraire, qu'en présence du profond savoir des fabricants de vin, de leurs merveilleuses habiletés, de leurs pratiques aussi compliquées que mystérieuses, nous aurions plutôt à nous louer de notre ignorance. Nous sommes, nous, Normands, dans l'enfance de l'art, et à quelques exceptions près, loin de nous substituer à la nature, nous savons à peine tirer parti des ressources qu'elle nous offre; mais l'industrie du vin est chaque jour trop fertile en miracles.

Et puisqu'il s'agit d'une boisson rivale d'une aussi grande importance, peut-être ne trouverez vous pas hors de propos de nous y arrêter un instant. Un rapide coup d'œil peut avoir son intérêt et son utilité.

L'histoire de toutes les fraudes avec leurs dangers remplirait des volumes. Contentons-nous d'une simple énumération : encore ne pourra-t-elle être complète.

Mais avant de parler de ces vins frelatés, livrés journellement à la consommation, ne pouvons-nous pas nous demander tout d'abord si un grand nombre de vins, même naturels, ne sont pas de beaucoup inférieurs au cidre ordinaire ? Pour tout esprit non prévenu, quelle n'est pas la supériorité du cidre le plus commun, sur certains vins comme en produisent la Bretagne, l'Anjou et plusieurs contrées du midi ? — Combien de fois ne vous arrivera-t-il pas de regretter notre *pommé*, lorsque vous voyagerez au milieu de régions vinicoles auxquelles trois ou quatre enclos font une réputation. Les vins què vous y boirez communément ne ressemblent guère à ces quelques crûs plus ou moins en renom. Les uns sont acides, âpres et imbuvables si ce n'est pour les gens du pays ; les autres sont amers, épais, boueux et ne sont guère préférables; d'autres sont tellement pauvres en alcool qu'ils ne résistent pas à quelques mois de bouteille. — Et plût à Dieu qu'on ne nous servît que ces vins détestables, mais au moins naturels ! Malheureusement on n'en rencontre presque plus dans le commerce ; on les enlève pour leur faire subir des manipulations, des transformations à dérouter le chimiste le plus habile, et ils viennent quelquefois sous les noms les plus célèbres, nous apporter soi-disant la force et la vigueur que, paraît-il, nous ne pourrions trouver dans notre cidre.

L'art de la sophistication, Messieurs, a fait dans ces derniers temps d'immenses progrès, et la chimie a opéré des prodiges !

Le commerce des vins est de toutes les branches de l'industrie celle qui a su utiliser avec le plus d'habileté et de profit ses merveilleuses découvertes. Des difficultés en apparence insurmontables ont été résolues ; des imitations, avec des nuances d'une délicatesse extrême, ont été réalisées ; sur ce point, l'art a atteint un degré de perfection tel qu'on serait tenté de l'admirer , s'il ne nous était si funeste : les plus fins connaisseurs peuvent être trompés, et il n'est peut-être pas aujourd'hui une cave en Basse-Normandie qui ne renferme quelques échantillons de ces prodigieuses créations chimiques.

Ce serait, si nous en avions le temps, une étude tout à la fois curieuse et triste que celle des savantes combinaisons par lesquelles on nous empoisonne agréablement tous les jours. Pour faire le vin de toutes pièces, pour le *travailler*, tout est bon ; les alcools de toute provenance, la mélasse, l'acide tartrique, l'acide acétique, le tannin, le plâtre, la craie, la cendre, l'alun, le vitriol, la couperose verte, la potasse, la soude, le fer, le plomb, la cochenille, la betterave, le coquelicot, le bois de campêche, l'aniline, la fuchsine, etc. La chimie ne découvre pas une substance, pas un poison, qu'on ne lui trouve aussitôt un rôle utile ! — L'habileté d'ailleurs n'exclut pas l'audace ; et parmi tous les traits qu'on pourrait citer, en voici un plus particulièrement à notre adresse. On vient du pays au vin nous chercher nos cidres en Normandie, et après qu'ils ont été colorés, additionnés d'alcool, parfumés, aromatisés, *travaillés*, en un mot, selon toutes les règles de l'art, on nous les réexpédie effrontément sous le nom de Bordeaux, de Bourgogne, portant même quelquefois sur de pompeuses étiquettes le nom des vins les plus fameux ; ayant perdu, il est vrai, dans ce singulier voyage, tout ce qui fait la qualité d'un produit naturel, mais ayant acquis en revanche une valeur vénale beaucoup plus grande.

Les vins drogués, les vins falsifiés, les vins fabriqués de toutes pièces, prennent chaque jour une expansion de plus en plus inquiétante au point de vue de la santé publique ; ils inondent nos villes et nos villages, et les inconvénients graves que leur usage peut entraîner ne sont plus à constater. Et ne m'accusez pas d'exagération ; autrement, je vous rappellerais ce phénomène étrange, mais parfaitement constaté, moins fait pour nous étonner que pour nous donner à réfléchir : — plus il y a de vignobles détruits par la marche sans cesse envahissante du phylloxera, plus la production du vin devient considérable !

Tels sont, Messieurs, les produits que nous devons accepter sans examen, que nous devons préférer à toute autre boisson, même à nos meilleurs cidres, et je crains d'être au-dessous de la vérité en disant que les trois quarts des vins communs qui sont consommés en Normandie reconnaissent ces origines frauduleuses.

Laissons là ces chefs-d'œuvre de sophistication et revenons au cidre devant lequel ces mélanges frélatés et malsains perdront tout crédit, et qui prendra dans l'alimentation publique le rang qu'il est digne d'occuper le jour où nous aurons su développer en lui toutes les qualités qu'il renferme.

Mais pour cela il faut le vouloir, et le vouloir résolûment.

Et d'abord, nous commencerons par nous occuper de la matière première ; nous choisirons nos pommes. Nous aurons la précaution de les trier suivant les espèces, de façon à ne livrer en même temps au pressoir que celles qui sont arrivées à maturité complète ; — de les mettre à l'abri en tas peu épais ; — de rejeter impitoyablement toutes les *pourries* (1), — nous aurons soin de faire un mélange de plusieurs variétés ; les pommes *douces* devront être en moindre proportion que les pommes *amères* ou âpres au goût ; celles-ci représenteront les trois-quarts de la *pilaison*. Autrement, le cidre agréable au début deviendrait promptement amer et acide. — Les pommes amères le donnent riche en alcool, généreux, corsé, *quéru* en un mot, capable de se conserver, surtout dans de grandes tonnes, cinq et six ans et même davantage.

(1) Nous nous sommes déjà expliqué, page 202, sur la valeur des pommes pourries. M. Bazin, pharmacien à Trun, est le seul qui, à notre connaissance, ait fait des expériences directes et complètes. Cet habile expérimentateur a extrait deux hectolitres de cidre de pommes pourries dont quelques-unes conservaient encore une couleur jaunâtre, indice d'une composition moins avancée.

Le jus était très-pâle, très-décoloré, sucré et acide tout à la fois. La fermentation s'était développée très-rapidement et au bout d'un temps relativement très-court, deux mois, le cidre était transformé en vinaigre et absolument imbuvable.

Si nous voulons un cidre clair, délicat, léger, qui fermente rapidement, nous ajouterons, à l'exemple de nos voisins les Jersiais, un quart de pommes *sûres*, de pommes acides. — Vieux, il devient aigre; mais toute la première année il est extrêmement *gracieux*, surtout en bouteille.

Le procédé à employer pour écraser, pour triturer les pommes, a son importance. Les meules en bois, tournant dans des auges circulaires en pierre, sont préférables aux meules en granit qui écrasent trop les pépins. Le pépin écrasé fournit une huile essentielle dont M. Berjot, l'habile chimiste que vous connaissez, a fait une étude extrêmement intéressante. — Elle est âcre, amère, quelque peu nauséeuse, très-volatile, et occasionne des vertiges lorsqu'on la respire pure. Elle donne au cidre une amertume, une âcreté désagréable.—C'est l'opinion de M. Berjot, partagée d'ailleurs par un grand nombre de cultivateurs, notamment MM. Durand, de Basse=

neville ; Fromage, de Montpinçon ; Lemonnier ,
de Goustranville ; Maine , de Deux - Jumeaux ;
Alexandre Grus , de Moulines ; Dr Godefroy, de
Clinchamps, qui n'écrasent le pépin que pour
faire le petit cidre, c'est-à-dire cette boisson
que l'on prépare pour les usages de la ferme
avec le marc de pommes dont on a déjà extrait
le cidre. — Ce petit cidre , lorsque les pépins
sont presque tous écrasés, bien que peu riche
en alcool, se conserve mieux et grise même
assez promptement, grâce à la présence de cette
huile essentielle en fortes proportions.

Aussi , aux meules en bois ou en granit, avec
lesquelles l'écrasement du pépin ne saurait être
facilement régularisé, est-il bien préférable de
substituer l'ingénieux appareil concasseur auquel
M. Berjot a donné son nom, et qui, par une
manipulation très-simple , permet à volonté
d'épargner les pépins ou de les écraser tous.

C'est pendant le triturage des pommes, c'est

sur la pulpe concassée, c'est-à-dire au moment
de la fabrication même que doit être versée
l'eau que l'on veut ajouter au cidre ; elle sera
claire, limpide, *bonne à boire*. — En général
on fait les cidres trop faibles ; tout le Cotentin
et la plus grande partie du Bessin doit les faire
purs ; pris en petite quantité ils peuvent être
bus *sangles ;* le Pays-d'Auge seul a le droit de les
allonger d'un grand quart d'eau. — Trop faibles,
les cidres se conservent peu de temps, deviennent promptement acides, et n'ont plus rien
de ces propriétés généreuses dont nous nous
sommes autorisé pour le proclamer supérieur à
la plupart des vins.

Nous aimons les cidres colorés qui parlent à
l'œil avant de s'adresser au goût. La pulpe
laissée 24 ou 48 heures au grand air avant d'être
placée dans l'*émé* (1) sous la presse, donnera cette

(1) J'écris le mot *émé* comme il se prononce dans la
Manche. Dans la savante édition des *Vaux-de-Vire*, publiée

couleur ambrée ou jaune-rouge qui dispense de tout artifice de coloration.

On peut encore faire du cidre en soumettant les pommes écrasées à la *lixiviation* ; procédé extrêmement simple, auquel les ouvriers peuvent avoir recours, même dans les grandes villes, et se procurer ainsi, à peu de frais, une boisson très-saine, très-bonne.

Il a été vulgarisé par un de mes savants confrères, le Dr Malfilâtre, de Trun, auteur d'études extrêmement intéressantes sur les pommes, le cidre et l'eau-de-vie de cidre.

Voici en quoi consiste ce procédé :

Les pommes écrasées, n'importe par quel moyen, sont placées dans une cuve avec un orifice à la partie inférieure. On verse dans cette cuve une plus ou moins grande quantité d'eau

par les soins de M. Armand Gasté, professeur à la Faculté des Lettres de Caen, on lit tantôt la *may*, tantôt le *mé.*— Gouberville écrit l'*esmay*.

suivant le degré de force du cidre que l'on veut obtenir.—Au bout de 48 heures, on laisse couler cette première *infusion* par l'orifice inférieur. Puis on ajoute une nouvelle quantité d'eau qui remplace celle qui restait encore dans le marc, lequel, après cette seconde macération est complètement épuisé.

Les phénomèmes d'endosmose ou d'exosmose se passent très-régulièrement et complètement. On obtient ainsi un liquide en tout semblable au cidre fait par le procédé ordinaire et additionné d'une certaine proportion d'eau.

Mise en tonneau. — Les pommes ont été choisies, le brassage est achevé, et le jus s'écoule de leur pulpe écrasée et pressurée ; il s'agit désormais d'en faire du cidre.

Ici surgissent de nombreux écueils. La fermentation pour être menée à bonne fin exige les précautions les plus délicates.

Contrairement en effet à une opinion trop ré-

pandue, le cidre est accessible aux moindres
influences ; des détails en apparence insignifiants
dans la manipulation ont une action marquée,
et ses qualités varient et se modifient souvent
sous l'influence de causes réellement inappré-
ciables. — Je n'en veux pour preuve que ce fait
cent fois constaté ; trois tonneaux sont préparés
le même jour, avec les mêmes pommes, placés
dans la même cave ; ils seront bons tous les
trois, mais ils différeront tellement entre eux
que le moins habile dégustateur ne prendra
jamais l'un pour l'autre. — Ne soyez donc pas
surpris si un liquide *impressionnable* à ce point,
traité de la manière grossière que vous savez,
justifie quelquefois toutes les médisances.

Je vous ai déjà dit pourquoi nous choisirons
autant que possible des fûts dont la capacité ne
soit pas inférieure à six cents litres. Les *tonnes*,
qui sont plus grandes, conservent le cidre plus
longtemps.

Ces vaisseaux devront être nettoyés avec le plus grand soin ; précaution bien élémentaire, mais qu'il faut recommander et pour cause. — Ils seront ensuite *soufrés* par la combustion dans leur intérieur d'une mèche soufrée, plus ou moins longue suivant leur capacité, et facile à préparer.

La cave doit être placée de façon à n'être ni trop chaude ni trop froide, et à ne pas subir, surtout, de trop grandes variations de température ; elle doit être obscure. Les caves sous terre sont les meilleures ; les celliers placés au nord avec d'épaisses murailles peuvent convenir.

Le fût préalablement soufré et contenant déjà une petite quantité de cidre que l'on aura agité pour le saturer de vapeurs de soufre, sera rempli du jus provenant du pressoir de façon à laisser un vide peu considérable entre la surface du liquide et la *bonde*. — Peu de temps après, mais plus ou moins tôt, suivant une foule de circonstances tenant à la cave, à la saison, à la

température, à l'espèce de pomme, etc., le
cidre *bout*, c'est-à-dire entre en fermentation.
Pendant cette première fermentation, que l'on
appelle *tumultueuse*, le cidre est trouble, épais ;
puis les divers détritus de la pulpe des pommes,
qui lui donnaient cet aspect trouble, se divisent
en deux parties ; l'une gagne la surface du liquide
et forme une couche plus ou moins épaisse que
l'on appelle le *chapeau* ; l'autre plus dense,
tombe au fond. — Le liquide est alors clair,
transparent, limpide ; c'est le moment du *sou-*
tirage ; opération qui consiste à transvaser ce
cidre clarifié dans un autre tonneau qui, lui,
ne contiendra ni le chapeau, ni le dépôt du
fond. — Cette opération, qui peut être faite à
l'aide d'un siphon, comme cela se pratique pour
le vin, ou simplement à l'aide de brocs en les
remplissant à la *champelure*, si gênante qu'elle
puisse paraître, est indispensable pour une
bonne et longue conservation (1).

(1) A l'époque du soutirage, pour obtenir un cidre

A ce moment encore, la fermentation est loin d'être complète, et le cidre peut voyager sans perdre beaucoup de ses qualités. Cependant, les expéditions devraient être faites au moment où il sort du pressoir, et l'acheteur gagnerait à s'imposer lui-même ce travail du *soutirage*.

Les cidres qu'on appelle cidres de ménage, c'est-à-dire ceux qui sont coupés de beaucoup d'eau, devront être également soutirés si l'on veut qu'ils ne passent pas promptement à l'aigre.

Vous n'oublierez pas encore, pour prévenir une *acidification* trop rapide, de recommander, avant qu'on ne bonde fortement, cette couche d'huile dont nous avons parlé et qui doit

parfaitement limpide et qui se conserverait excellent presque indéfiniment, tous les cultivateurs devraient s'astreindre à l'additionner d'une solution de 250 grammes de cachou, ou de 100 grammes de tannin par tonneau de 1,200 litres. — Le même procédé serait employé avec succès contre les cidres *filants*.

être versée à la surface des tonneaux en vidange (1).

Placer l'*épinoche* successivement à des niveaux
différents à mesure que le liquide baisse, est
également une bonne coutume; le liquide qui
s'écoule ainsi ne met en mouvement que la
couche qui est au-dessus de lui, laissant tout
ce qui est en dessous parfaitement calme.

Telles sont, Messieurs, résumées en bien peu
de mots, les règles très-simples, très-claires,

_____

(1) Si, malgré tout, le cidre devient acide, aigre, on peut
introduire dans la carafe, au moment où on le tire, une
pincée de bicarbonate de soude. Mais ce moyen doit être
considéré comme exceptionnel et ne saurait, sans inconvénient, être employé très-longtemps d'une manière
continue.

Si le cidre noircit, se *tue* rapidement dans la carafe, on
versera une solution de 250 grammes d'*acide tartrique* dans
un tonneau de 1,200 litres. — Si l'on avait des raisons de
supposer que cet inconvénient de *noircissement* tient à
l'emploi d'eau ferrugineuse, ou à des fruits récoltés sur
des terrains rougeâtres et ocracés, on jetterait dans le fût
une poignée d'écorce de chêne finement concassée.

il me semble, auxquelles doivent être soumises la fabrication et la conservation du cidre : elles sont d'une exécution facile. C'est parce qu'elles sont négligées la plupart du temps, qu'il mérite trop souvent les reproches qui lui sont adressés. — Avec ces quelques précautions, dictées en quelque sorte par le bon sens et qui n'exigent guère qu'un peu d'attention, nous conserverons, saine, bienfaisante, agréable pendant plusieurs années, cette boisson aussi tonique, aussi spiritueuse que le vin, et qui jadis, les *Vaux-de-Vire* en font foi, pouvait suffire à nos pères aux jours de liesse, et leur inspirer de gais refrains.

DIXIÈME LEÇON.

CONSERVATION DU CIDRE EN BOUTEILLE.

SOMMAIRE—Supériorité du cidre conservé en bouteille. — Il se conserve vingt et trente ans. — Le cidre coupé d'eau, même dans de fortes proportions, peut être mis en bouteilles. — Opérer à trois degrés différents de fermentation. — Moyen de prévenir la *casse*. — Procédés pour déboucher sans déperdition de liquide. — Avenir du cidre.

MESSIEURS,

Si je suis parvenu à vous démontrer d'abord l'action puissante du cidre contre la formation de la pierre et des calculs urinaires ; si je vous ai fait apprécier ensuite ses propriétés hygié-

7*

niques comme boisson alimentaire ; si enfin les préceptes rapides que nous avons demandés à l'expérience et au raisonnement vous paraissent suffire pour une bonne préparation, mon but pourrait être considéré comme atteint et ma tâche remplie.

Cependant, je ne voudrais pas clore le cours de ces conférences dont les dernières n'intéressent plus qu'indirectement la clinique chirurgicale, sans vous entretenir, en finissant, d'un procédé de conservation du cidre complètement ignoré de nos ancêtres pendant de longues années, procédé encore beaucoup trop négligé de nos jours, éminemment propre pourtant à développer toutes ses qualités et à en vulgariser l'usage.

Supposez, Messieurs, que nous conservions soigneusement en pièce les vins de Chambertin, de Château-Margaux, les plus fins Sauternes ; supposez que nous les buvions ainsi au tonneau restant en perce des mois, sinon des années entières, il est incontestable que nous n'aurions pas la moindre idée de la saveur exquise que ces vins acquièrent par leur séjour en bouteille.

Ce qui est absolument vrai pour ces vins, n'est pas moins vrai pour le cidre, et je peux affirmer, sans exagération aucune, que quiconque n'a pas bu du cidre en bouteille, ne peut se rendre compte des modifications profondes que ce procédé de conservation lui fait éprouver.

La transformation opérée par la mise en bouteille est telle, Messieurs, que le plus habile connaisseur, mis en face de plusieurs tonneaux, ne pourrait indiquer, dans la plupart des cas, celui d'où est provenue la bouteille qu'on lui présente. — Tout est modifié, couleur, saveur, force en alcool, degré de fermentation, proportion des acides et des gaz..... ; ce n'est plus le même liquide. — Il est plus limpide, plus clair, il est transparent comme l'eau-de-vie ; il se couvre dans le verre d'une fine mousse, tantôt discrète, tantôt abondante comme celle du champagne. A votre gré, il sera doux et sucré, ou bien au contraire fort, amer, alcoolique ; il offrira, au besoin, toutes les qualités intermédiaires. — La quantité d'acide carbonique dont on peut graduer les proportions, le rendra léger, stimulant, mousseux comme le champagne ; ou bien, si vous le préférez, il restera le liquide simplement tonique et réparateur que nous avons étudié. — Il se pliera à toutes les fantaisies, à tous les caprices de votre goût pour peu que votre main soit délicate et exercée.

Il ne saurait être ici question de ces prétendus cidres en bouteille qu'une coupable industrie a, ces dernières années, introduits dans le commerce et qui, sous le nom de *champagne normand*, étalent leur luxueuse étiquette sur la

plupart des tables d'hôte de Basse-Normandie.
Ce cidre, inférieur même à celui que nous buvons
communément en tonneau, n'est plus en effet
un produit naturel. Dans les usines où on le fabrique sur une grande échelle (1), on prend le
premier cidre venu, vieux, nouveau, doux, acide,
peu importe ; on corrige, en le *travaillant* con-
venablement, ses défauts les plus saillants ; puis
on le rend mousseux en le saturant, sous une
forte pression, de gaz acide carbonique, exactement comme les siphons d'eau gazeuse : —
artifice et mensonge, cause fatale d'un discrédit
dont nous ne tarderons pas à sentir les conséquences.

Mis en bouteille, non-seulement les cidres
acquièrent les qualités que je viens de vous
signaler, mais ils se conserveront aussi longtemps que les meilleurs vins.

(1) Communication de M. Vesque, de Lisieux, inspecteur
des pharmacies.

L'opiniob contraire a tellement de crédit, qu'il faut citer des exemples.

M. Denize, de Cerisy-la-Forêt, conserve dans sa cave un certain nombre de bouteilles où se trouvent représentées toutes les années qui nous séparent de 1874. Chaque année diffère de toutes les autres par quelques nuances plus ou moins tranchées; mais les meilleures bouteilles n'appartiennent pas aux années les plus récentes; l'année 1875, notamment, est préférable à toutes les autres.

J'ai vu mon père mettre en bouteille un cidre très-léger, comme on en trouve beaucoup sur les côtes de la Manche, provenant d'un terrain sablonneux et voisin de la mer, au pied de ces coteaux où nous avons vu la vigne cultivée au quatorzième siècle (p. 118) — En tonneau il se conserve à peine deux ans bon. — Au bout de *cinq* ans de bouteille, il restait vif, pétillant, spumeux et limpide, très-généreux et légèrement sucré; il était excellent.

M. Lair-Dubreuil, notaire à Argentan, M. Gouville fils, à Carentan, en ont qui remonte à quatre ans et qui est préférable à celui de l'année dernière.

A Séez, dans la famille de M. Hain, président à la Cour d'appel de Caen, on préparait, pour être conservé dans des cruchons de deux litres environ, un cidre que l'on buvait souvent au bout de *vingt* et *vingt-cinq* ans. Il était très-bon, très-alcoolique et généralement préféré au vin.

M. Bazin, pharmacien à Trun, m'a adressé dernièrement du cidre fabriqué et mis en bouteilles, en 1859, il y a vingt-deux ans. — Il est encore mousseux, très-limpide, sans aucune acidité. Notre habile pharmacien de l'Hôtel-Dieu, M. Leroux, en a fait l'analyse ; il renferme 9 % d'alcool et sa saveur est extrêmement agréable.

En présence de pareils résultats, on peut rester surpris que nos pères qui, il y a trois siècles, recherchaient avec tant d'ardeur tout ce

qui pouvait perfectionner leur boisson nouvelle,
n'aient pas usé de ce mode de conservation.
Paulmier, dans son étude si complète, n'y fait
même pas allusion, et nous voyons dans le
journal de Gouberville, pourtant l'un des plus
riches gentilshommes de la contrée, qu'il n'avait
que du cidre en tonneau. — On ne se servait pas
de bouteilles, même pour le vin, qui était tiré à
la barrique. Lorsque notre sire voulait en boire,
il en envoyait chercher quelques pots à Valognes
ou à Cherbourg. « Le 13 juillet 1560, Arnould
fut à Cherbourg, et apporta du vin blanc pour
3 solz, que bailla audict Arnould la femme
Orengé, qui était d'une bessière toute pleine de
lie. » — Il est fort probable que la rareté même
des bouteilles à cette époque est la raison pour
laquelle nos ancêtres n'en ont pas usé.

Autrement, leur sollicitude pour le cidre nous
permet de supposer qu'ils auraient su vaincre
des difficultés devant lesquelles hésitent leurs
neveux. Ils nous auraient transmis, avec tous

les perfectionnements qu'elle comporte , cette méthode excellente , qu'il ne faut pas espérer voir avant longtemps encore, sans doute, entrer pleinement dans nos mœurs.

Si l'on ne conteste plus généralement aujourd'hui la supériorité de la bouteille sur le tonneau ; si on est sur le point d'admettre enfin que le bon cidre mérite bien autant de soins que les produits sophistiqués que nous connaissons , et qu'il vaut bien la peine d'être mis en bouteille , on énumère avec complaisance tous les embarras , tous les inconvénients , tous les obstacles que présente une pareille tâche.

L'une des principales difficultés que l'on signale est celle-ci : on ne peut mettre en bouteille que du cidre *pur*, et il y a à cela, ajoute-t-on, deux inconvénients ; le premier, c'est qu'à moins de pressurer soi-même il est presque impossible de s'en procurer qui ne soit additionné d'eau ; le

second, c'est que ce cidre, quand il est *pur*, est
tellement alcoolique, tellement fort, qu'on ne
saurait en boire à sa soif. — Ai-je besoin, devant
vous, Messieurs, de refuter une pareille assertion
qui, comme tant d'autres, court le monde
sans reposer sur aucun fondement? Il est au contraire d'une sage pratique pour ceux qui veulent
faire du cidre en bouteille leur boisson habituelle
de le couper d'eau soit pour un quart, un tiers
et même la moitié. Avec l'habitude de boire
beaucoup aux repas, on peut même ajouter les
deux tiers d'eau.

M. le capitaine Pillet, maire de Portbail, prépare depuis plusieurs années un mélange de
cidre et d'eau dans ces dernières proportions :
ses bouteilles renferment une boisson aigrelette,
piquante, légèrement mousseuse et alcoolique
qui se conserve extrêmement agréable pendant
deux ans au moins et qui est incomparablement
supérieure au même mélange conservé en fût.

Enfin, si le cidre mis *pur*, dans un but de

conservation plus longue, paraît trop fort pour étancher la soif, qui donc s'oppose, au moment même où on le boit, de le couper d'eau comme l'on fait pour le vin ? Si ce mélange atténue ses qualités, il est loin de les faire disparaître.

Vous remarquerez du reste que généralement on absorbe trop de liquide aux repas. Sauf pour les gens de « *faix et de peine*, » comme dit Paulmier , et pour les nourrices auxquelles notre vieux confrère le recommande spécialement , un demi-litre de cidre généreux doit suffire, et cette dose ne saurait troubler que des cerveaux affaiblis.

Autre grosse objection ? le cidre *casse les bouteilles !*

On reste confondu, lorsqu'on songe que cette objection se répète d'âge en âge, et qu'elle a été capable d'arrêter, pendant des siècles, les amateurs les plus résolus. — Il est positif, Messieurs, que si la mise en bouteilles était aussi négligée et irréfléchie que l'est généralement la mise en tonneau, rien ne pourrait résister, la plupart du temps, à l'énorme pression du gaz acide carbonique susceptible d'être développé par la fermentation, et les meilleures *champenoises* voleraient en éclats. — On s'est livré aux essais les plus bizarres pour obvier à cet inconvénient et pour conserver au moins quelques bouteilles intactes jusqu'au retour des vendanges. — Les uns les veulent couchées sur un banc de sable, les autres les suspendent au plafond; d'autres placent dans la bouteille un pois, une fève ou un grain de raisin; ici on introduit un crin entre le bouchon et le col; là on les relève à chaque pleine lune.

Un peu d'attention aurait conduit à des procédés plus rationnels et dont l'expérience, je suis en droit de vous l'affirmer, a démontré l'efficacité absolue. Les précautions diffèrent suivant l'époque où l'on opère. Vous devrez mettre en bouteille le cidre de vos tonneaux ou du *même* tonneau, si vous n'en avez d'autres, à *trois périodes* complètement distinctes; tout en observant comme règle absolue de *n'y jamais toucher avant que la fermentation tumultueuse soit achevée, avant que le liquide soit complètement clarifié* (1).

Première période. — Au début de la période qui succède à la fermentation tumultueuse, le cidre est encore très-doux, très-sucré; mis en bouteille à ce moment, il achèvera lentement

(1) Le *collage* du cidre avec de la colle de poisson vraie, une quinzaine avant la mise en bouteille, donne de bons résultats. — Toutefois, cette précaution n'est pas indispensable. Il est certains cidres, surtout lorsqu'ils ont été traités par le cachou ou le tannin au moment du soutirage, pour lesquels elle serait inutile. — Ceux du château d'Escoville, près Caen, soit à cause de la nature du terrain, soit en raison plutôt du soin extrême que le propriétaire, M. Lavarde, apporte à leur fabrication, sont justement renommés pour leur diaphanéité parfaite. — M. Durand, négociant, rue de la Gare, M. le Dr Godefroy, de Clinchamps, M. Lubineau, sans avoir recours au *collage*, obtiennent également une limpidité remarquable.

8

sa fermentation encore incomplète; il ne sera bon à boire que très-tard, et il se conservera sucré, gracieux, mousseux pendant de longues années. Mais, dans ce cas, la quantité d'acide carbonique qui se dégagera au bout de quelques semaines, de quelques mois est considérable, la pression énorme, et vous devez choisir pour le loger des *bouteilles à champagne* ou de forts cruchons à bière (1).

Ces bouteilles de choix seraient même impuissantes contre la tension du gaz et beaucoup éclateraient si vous ne preniez la précaution suivante, que vous devez considérer comme essentielle; — elles seront maintenues *debout* jusqu'à ce que la fermentation soit devenue moins active, jusqu'à ce que la production du gaz soit moins considérable, en général jusqu'au mois de juin ou d'août. A cette époque ou à

(1) M. Guibert, pharmacien à Trévières, qui s'occupe beaucoup du cidre, s'est livré sur ce point à des recherches curieuses.

l'automne au plus tard, elles peuvent être définitivement couchées.

Vous comprenez, sans que j'aie besoin d'insister, le résultat obtenu par cette position de
la bouteille. Si bien qu'elle soit close, en effet,
le bouchon laisse toujours échapper une certaine
quantité de gaz, et cette fuite est assez considérable pour diminuer notablement la pression
et pour prévenir le bris du flacon. — Une expérience bien simple démontre la réalité du phénomène que je vous signale. Lorsqu'on laisse
trop longtemps debout le cidre en bouteilles,
il finit par ne plus être mousseux, c'est-à-
dire qu'il ne contient plus assez d'acide carbonique pour le faire monter en écume blanche
dans le verre où on le verse; or, il suffira
de le coucher quelques jours et quelquefois
seulement 24 heures pour lui rendre sa mousse.

Deuxième période. — Plus tard, lorsque la fermentation du tonneau est plus avancée, lorsque

le cidre va devenir piquant et agréable à boire, époque qui varie suivant une foule de circonstances, et qui est environ de six semaines à deux mois, les bouteilles à champagne ne sont plus nécessaires. — Les bouteilles à eaux minérales, que l'on rencontre aujourd'hui si communément dans le commerce, ont une résistance suffisante ; les bouteilles en grès fabriquées dans le pays, les bouteilles de Noron, même les bonnes bouteilles à vin peuvent être employées (1). — Le cidre de cette seconde *période* dégage encore une grande quantité d'acide carbonique (2) ; il conserve encore une légère

(1) Les bouteilles en terre de Néhou, près Briquebec, lorsque leur cuisson est bonne, peuvent également convenir. Cependant, j'ai observé chez mon frère, qui en fait ordinairement usage, le curieux phénomène que voici : lorsqu'on s'en sert pour la première fois, un grand nombre, sous l'influence de la pression déterminée par la fermentation, laissent filtrer le gaz et même une certaine quantité de liquide ; inconvénient qui ne se présente plus lorsqu'elles ont déjà servi.

(2) Voir Lailler. — *Du cidre*, très-intéressante étude, brochure, 1882.

saveur sucrée; mais il est piquant, aigrelet, bon à déboucher beaucoup plus tôt; il se distingue surtout par une proportion d'alcool considérable. — Il peut être considéré comme le type du cidre en bouteille; il se conserve excellent presque indéfiniment.

Ici les précautions indiquées pour le cidre de la première période ne doivent pas être négligées; mais on pourra coucher les bouteilles au bout de quelques semaines.

Troisième période. — Enfin, le cidre de la troisième période est celui qui est mis en bouteille lorsque la fermentation est complète ou à peu près.

Celui-ci admet l'usage des flacons de tout genre et de toute provenance. Il contiendra toujours plus d'acide carbonique que celui qui reste en tonneau, mais en trop petite quantité cependant pour que la bouteille coure le moindre danger.—On devra même le coucher immédiatement pour prévenir toute déperdition de gaz. Le cidre de cette troisième période n'est plus mousseux ; il a perdu cette saveur douce et sucrée qui distingue les deux autres ; mais il est vif, fort, net au goût ; il présente assez souvent une amertume légère qui le fait préférer par beaucoup de personnes pour l'usage ordinaire de la table (1). — Les deux précédents, surtout le premier, sont, comme les vins fins, ordinairement servis comme cidre *extra*.

Lorsque les bouteilles font défaut, on peut en réserver un certain nombre pour ce cidre de troisième période, de manière à les remplir suivant les besoins de la consommation journa-

(1) Ce cidre, appartenant à la troisième période de fermentation, n'aura plus sur les fonctions intestinales autant d'influence que les deux autres. Cependant, son action *rafraîchissante* est encore assez marquée pour qu'elle mérite de n'être pas négligée. — On sait que le cidre doux ou presque doux détermine un effet purgatif très-marqué ; accident qui, en cette circonstance surtout, j'ignore pour quelle raison, s'appelle dans le nord de la Manche, *la dame de Bayeux.*

lière et à ne les boire qu'au bout de quelques
semaines. Telle est l'action de la bouteille sur
le cidre, que ces quelques semaines suffiront
pour lui faire subir une amélioration très-
appréciable.

Quelle que soit la période de fermentation à
laquelle le cidre soit arrivé, les bouteilles
doivent toujours être fortement bouchées — à
la mécanique, si c'est possible, — et ficelées.
Elles seront placées dans une cave à température peu variable et dans l'obscurité ; cette
dernière condition est sans importance pour les
bouteilles opaques. Le plus ou moins de lumière
dans la cave n'est pas une chose indifférente
aux phénomènes de la fermentation qui se continue dans la bouteille. Elle est beaucoup plus
lente, beaucoup plus calme dans les caves
obscures et, à provenances égales, le cidre est
meilleur (1).

(1) M. Denize m'écrit de Cerisy : « Le cidre mis en bou-

La contenance des bouteilles n'est pas non
plus à négliger. — Il est très-bon en demi-
bouteille, — meilleur dans les bouteilles d'un
litre , — superbe dans les cruchons qui en contiennent deux.

Enfin , il est une dernière objection qui , si

teilles de verre ordinaire, telles que les champenoises, etc.,
devient pâle et maigre sous l'influence de la lumière. Dans
les caves obscures , la fermentation est moins rapide; il se
conserve plus longtemps. — La décoloration et la fermentation sont en rapport direct. — J'ai souvent constaté que le
cidre dans des conditions identiques de mise en bouteille,
vers le mois de février, donne, au bout de trois ou quatre
mois , des résultats bien différents, selon qu'il avait été
placé dans l'une ou dans l'autre de mes caves. — Le cidre de
ma cave *claire*, où la lumière pénètre sans soleil , était
mousseux au moins trois semaines ou un mois avant celui
de la cave obscure. — Après une année de bouteille, le
cidre de la cave éclairée perdait beaucoup de sa qualité,
tandis que dans la cave obscure le même cidre se conservait
trois ou quatre ans. — Nous en avons bu qui avait sept ans
et qui était parfait. »

L'obscurité des caves ou la complète *opacité* des bouteilles est l'une des conditions essentielles de la longue
conservation.

futile qu'elle puisse paraître, appelle encore
l'attention; car elle a été et elle est encore aujourd'hui, aux yeux de biens des gens, un
obstacle sérieux à l'adoption du mode de conservation qui nous occupe. — Voici une bouteille
de cidre dans de bonnes conditions; il est bien
fermenté, il est mousseux, il est excellent;
mais gardez-vous d'y toucher. A peine avez-
vous soulevé le bouchon que celui-ci vole au
plafond suivi du liquide qui jaillit de tous côtés
avec une impétuosité que rien n'arrête; vous
devez vous estimer heureux si un seul verre
échappe au désastre; en un mot, on ne peut
déboucher une bouteille de cidre sans en perdre
les trois-quarts. Non-seulement c'est une perte,
mais c'est souvent l'occasion d'une foule de dé-
sagréments dont vous avez été sans aucun doute
plus d'une fois témoins et victimes. — L'annonce
d'une bouteille de cidre à déboucher est, dans
une salle à manger, le signal d'un sauve-qui-peut
général; les femmes se précipitent à la porte;

les hommes se couvrent de leur serviette ; les plus hardis tendent des saladiers pour arrêter et recueillir au passage quelque jet malencontreux (1).—La perspective de voir pareille scène se répéter tous les jours déconcerte et décourage les plus persévérants, on le comprend aisément ; et il faudrait s'avouer vaincu et renoncer à cette manière de loger le cidre, s'il n'était possible de trouver un facile remède.

Dans ces derniers temps, on a imaginé d'introduire un *siphon*, espèce de tube recourbé et muni d'une clef par lequel le cidre s'échappe à volonté comme l'eau gazeuse des siphons ordinaires. — L'emploi de cet instrument doit être absolument proscrit. Pour qui le connaît bien, le cidre s'échappant ainsi en jet mince et fouetté contre les parois du verre perd énormément de sa qualité.

(1) Il n'est ici question, bien entendu, que du cidre très-mousseux, très-alcoolique.

Voici un procédé beaucoup plus facile et complètement inoffensif. — Il suffit de traverser le bouchon avec un poinçon, en lui imprimant, si besoin est, un mouvement de rotation. Par l'étroite voie ainsi pratiquée, le gaz s'échappe en sifflant, entraînant avec lui une ou deux cuillerées à café du liquide que reçoit l'assiette sur laquelle la bouteille est posée. — Au bout de quelques minutes, la tension du gaz est suffisamment diminuée pour que l'on fasse sauter le bouchon comme s'il s'agissait de champagne (1). N'est-ce pas là un moyen aussi simple que pratique de tourner une difficulté, si non grave, au moins grosse de conséquences !

(1) On peut se servir d'un poinçon creusé à son centre d'un conduit presque capillaire qui, une fois introduit, ayant une ouverture inférieure au-dessous du bouchon tandis que la supérieure est au dehors, livre passage au gaz en ne laissant passer qu'une quantité insignifiante du liquide. Ce genre de poinçon est fabriqué par un habile serrurier de la rue de l'Oratoire, M. Lecomte.

En voyant, Messieurs, combien il est aisé de
résoudre ce problème de mettre le cidre en
bouteille, je crains qu'il ne vous vienne à la
pensée que j'aie passé sous silence les objections
les plus graves et dissimulé des obstacles contre
lesquels seraient venus en vain se heurter les
efforts et le zèle de nos compatriotes. Il n'en
est rien. — Jusqu'à ces derniers temps, à part
quelques honorables exceptions, leur activité
ne s'était pas dirigée de ce côté ; ils se pré-
occupaient peu encore de ce qu'ils regardent
comme un véritable raffinement. Mais l'exemple
est donné déjà sur bien des points à la fois (1),
et quand on saura définitivement combien il

(1) Je rencontre depuis quelques temps, dans les trois
départements, un certain nombre de cultivateurs très-dis-
posés à essayer de conserver du cidre en bouteille. A Paris,
on en vend maintenant dans beaucoup de débits où le plus
souvent il est artificiellement fabriqué sur place et ne
vaut rien ; mais on en trouve de très-bonne qualité à la
Maison-Dorée, boulevard des Italiens, chez Lucas, passage
de la Madeleine, et dans plusieurs autres restaurants.

est aisé , par le mode de conservation que
nous préconisons , de doubler la valeur in-
trinsèque du produit aussi bien que sa **valeur
vénale,** l'intérêt sera le gage du succès ; **on ne
s'arrêtera plus** devant de vaines difficultés. Sans
doute tous les tonneaux ne disparaîtront pas et,
pas plus que le vin dans les pays vignobles, tout
notre cidre ne sera pas conservé en bouteille.
Mais à côté de la boisson commune , nous
aurons un liquide exquis que nous prescrirons
à nos malades avec confiance et qui chassera
de nos tables les vins frelatés dont notre santé
souffre.

Messieurs ,

Quarante ans à peine nous séparent d'une
période de découragement où un certain nombre
de propriétaires allaient jusqu'à détruire leurs
pommiers dans l'intérêt même de l'agriculture,
et les brûlaient comme les hêtres de leurs

futaies! On s'est arrêté bientôt dans cette œuvre
de destruction néfaste, et aujourd'hui un plant
vaste et fertile est considéré comme le plus bel
apanage d'une ferme normande. Sur les pentes
arides comme dans la plaine, au milieu des her-
bages comme dans les labours, on voit de toutes
parts surgir des pommiers : Le Pays-d'Auge surtout se transforme en un immense verger et,
dans quelques vallées, les plantations sont tellement denses et fécondes, qu'en certains jours
de septembre, il semble qu'on entende croître
et mûrir les pommes!... Quelles circonstances
plus propices pouvions-nous attendre pour
aborder l'étude des remarquables propriétés
du cidre ! pour établir, preuves en main,
son efficacité contre des affections douloureuses
et graves et pour proclamer bien haut ses
vertus hygiéniques si souvent ignorées ou mé-
connues! Fut-il jamais moment plus opportun
pour essayer de ramener enfin nos compatriotes
à des pratiques plus sages et de faire ainsi dispa-

raître les derniers préjugés qui peuvent encore compromettre le développement d'un commerce où la Basse-Normandie s'habituera de plus en plus à rechercher, comme dans une source intarissable, les éléments les moins incertains de sa prospérité et de son bien-être.

Si ces conférences vous ont convaincus, Messieurs, vous contribuerez à ce progrès dans la mesure de vos forces et de votre influence et, ce faisant, vous aurez bien mérité de l'hygiène publique, vous aurez bien mérité du pays.

NOTES.

—

LEÇON V.

P. 121. M. Ch. de Robillard de Beaurepaire, correspondant de l'Institut, archiviste de la Seine-Inférieure, est d'avis que l'introduction du cidre comme boisson usuelle en Normandie est de date relativement récente.

« La preuve la plus péremptoire, dit-il, du peu d'importance de la fabrication du cidre dans les premiers siècles du moyen-âge, c'est que, à la différence du vin, il n'a pas donné lieu à des droits onéreux et n'a formé aucun nom patronymique. » ..... Au grand banquet que l'archevêque Georges d'Amboise donna dans son palais archiépiscopal, à l'occasion de son avènement, en décembre 1513, banquet qui dura *trois jours entiers, à grande, joyeuse et somptueuse chère, avec accompagnement de menestrels,* on servit de l'hypochras blanc, vermeil et clairet, du vin blanc de Beaune, des vins d'Anjou, de Paris et de Gascogne, un poinçon, quatre demi-queues et quatre hambourgs de bière; mais de *cidre*, il n'en fut pas question (*Notes et documents concernant l'état des campagnes de la Haute-Normandie dans les derniers temps du moyen-âge*, par Ch. de Robillard de Beaurepaire.—Rouen, 1865, in-8°).

P. 120. La publication du journal de Gouberville avec ses infinis détails jettera un jour inattendu sur une foule de faits qui intéressent notre contrée. Ainsi le hasard me fait rencontrer ce renseignement curieux:

J'avais ouï-dire à ma grand'mère, des Quieszes, qui elle-même le tenait de ses ancêtres, comme une vague tradition, que la foire St—Paul qui se passe maintenant à Bricquebec, avait lieu autrefois à St—Paul—des—Sablons (petite commune annexée à Baubigny), dans un vaste enclos qui porte encore le nom de *fère*, à l'intersection des routes de Barneville et de La Roquelle ; mais que cet emplacement trop voisin de la mer, avait dû être abandonné pour Briquebec, parce que, ce jour là, les Anglais débarquant de Jersey en droite ligne, étaient venus plus d'une fois piller et égorger les marchands. — Cette tradition, en quelque sorte perdue aujourd'hui, se trouve justifiée par ce passage des manuscrits de Gouberville :

29 juin 1555. Laurens et Robin Castel vindrent

céans (à Gouberville) ; ilz venoyt de la fère de St-Paul-des-Sablons.

LEÇON IX.

P. 226. En Angleterre, on fabrique, dans des proportions considérables, le vin de Madère de la manière suivante : on prend une quantité donnée de bon cidre, on y ajoute l'eau-de-vie provenant d'une pareille quantité de même cidre distillé ; au bout de quelque temps de bouteille, ce vin sans raisin fait les délices de nos voisins !

Si on *travaille* ce même mélange avec du sucre, de l'alcool, du tannin, de la couleur, de l'eau, des *bouquets* ou aromes, on obtient presque tous les vins que l'on peut désirer (*Documents fournis par M. Charbonnier, professeur à l'École de Médecine, inspecteur de pharmacie*).

P. 230. Lorsque les pépins sont tous écrasés, le cidre contient une proportion notable d'huile essentielle, qui peut aller jusqu'à 50 grammes par tonneau. Cette singulière substance agit avec une énergie extrême sur le système nerveux, comme le prouvent les troubles cérébraux, les vertiges que l'on ressent après en avoir respiré pendant quelques instants seulement à l'ouverture d'un flacon.

Les eaux-de-vie provenant des cidres obtenus de pommes dont les pépins ont été broyés, grâce à la présence de cette huile essentielle, ont une propriété excitante très-prononcée ; elles ne sont pas plus riches en alcool que les autres, mais on les croit meilleures parce que trop souvent la qualité d'une eau-de-vie se mesure par sa force abrutissante.

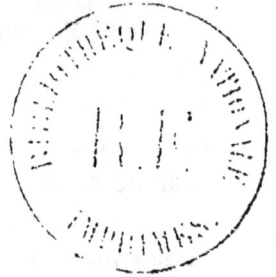

TABLE ALPHABÉTIQUE.

TABLE DES MATIÈRES.

———

PREMIÈRE PARTIE.

———

PREMIÈRE LEÇON.

STATISTIQUE DE LA PIERRE VÉSICALE EN BASSE-NORMANDIE.

SOMMAIRE. — Pourquoi les renseignements touchant
cette affection offrent une garantie spéciale. — La
pierre à l'Hôtel–Dieu de Caen ; — en ville ; — dans
l'arrondissement de Caen ; — dans l'arrondissement
de Bayeux ; — dans l'arrondissement de Falaise ; —
dans l'arrondissement de Lisieux ; — dans l'arron-

8*

DEUXIÈME LEÇON.

FORMATION DE LA PIERRE DANS LA VESSIE.

TROISIÈME LEÇON.

INFLUENCE DU CIDRE SUR LA SÉCRÉTION URINAIRE.

QUATRIÈME LEÇON.

ACTION DISSOLVANTE DU CIDRE SUR LES CONCRÉTIONS URINAIRES. — OBSERVATIONS.

DEUXIÈME PARTIE.

PROPRIÉTÉS HYGIÉNIQUES.

—

CINQUIÈME LEÇON.

LE CIDRE AVANT L'ÉPOQUE MODERNE.

SIXIÈME LEÇON.

LE CIDRE CONSIDÉRÉ COMME BOISSON ALIMENTAIRE.

SEPTIÈME LEÇON.

CAUSES DU DISCRÉDIT DONT LE CIDRE EST L'OBJET.

HUITIÈME LEÇON.

VICES DANS LA PRÉPARATION ET LA CONSERVATION DU CIDRE.

NEUVIÈME LEÇON.

PRÉCAUTIONS A PRENDRE DANS LA PRÉPARATION ET LA CONSERVATION DU CIDRE.

DIXIÈME LEÇON.

CONSERVATION DU CIDRE EN BOUTEILLE.

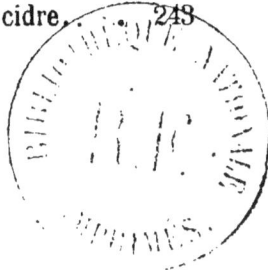

DU MÊME AUTEUR :

Du bruit skodique.

Le *choléra* dans le département du Calvados, en 1865-66.

De l'*allaitement artificiel ;* influence du *biberon* sur la mortalité des enfants.

Nouvelle méthode de *respiration artificielle.*

Les Chirurgiens du nouvel Hôtel-Dieu de Caen. — M. Le Prestre.

Le *choléra* dans le département du Calvados, en 1873.

Biographie de M. le Dᵣ Vastel, médecin en chef de l'Hôtel-Dieu.

Biographie de M. le Dᵣ Dan de La Vauterie.

Bandages plâtrés. — Appareil *à double traction.*

De l'anesthésie et du sommeil chloroformique.

De la syphilis. — Unité d'origine. — Incurabilité, traitement. — Vol. in-8°.

D'un cas de *rage* guéri à l'Hôtel-Dieu de Caen. — Rapport de M. Bouley (de l'Institut).

Caen, Typ. F. Le Blanc-Hardel.

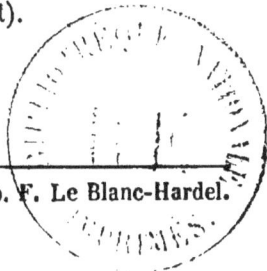

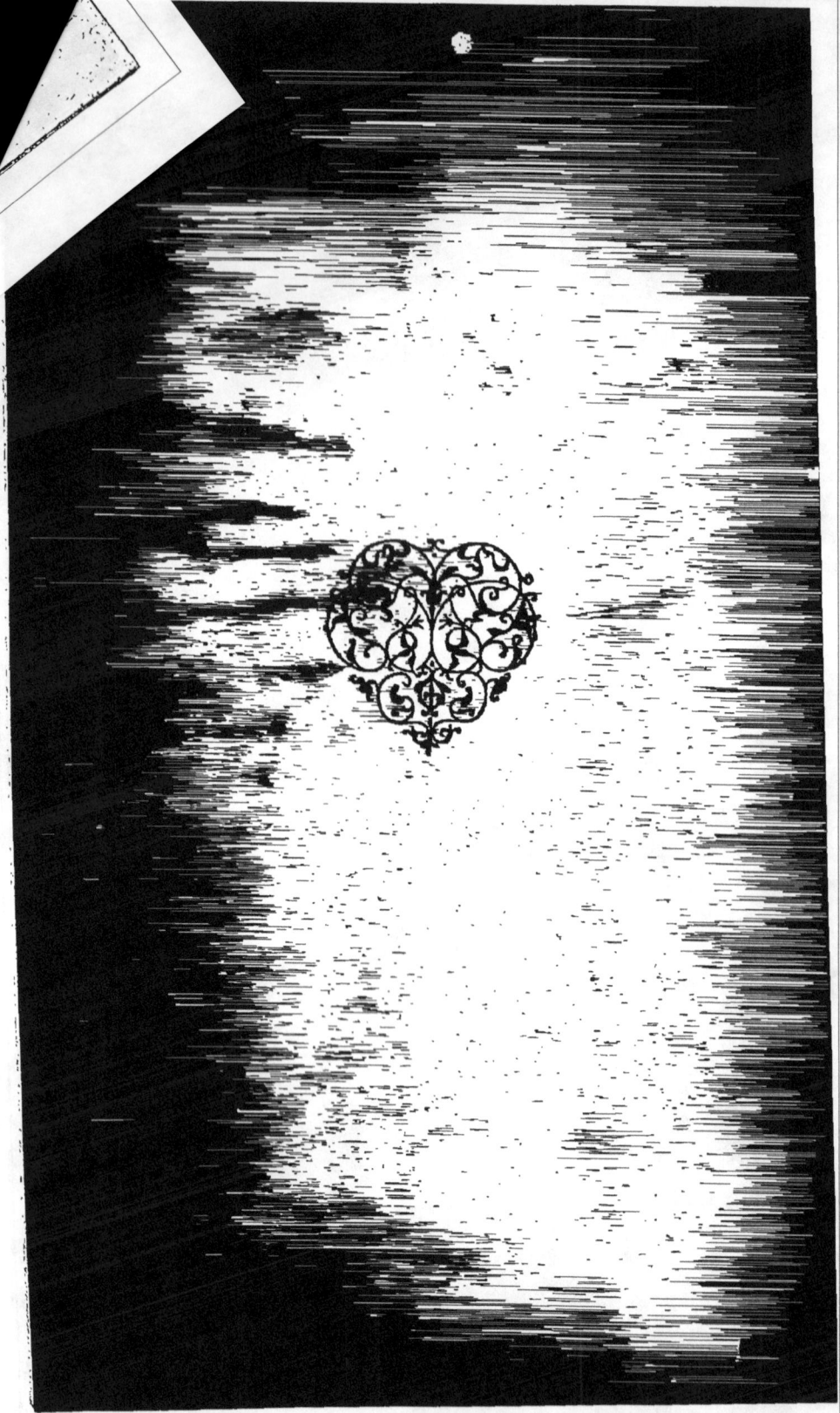